JN070951

科学者・技術者として活躍しよう

技術者倫理事例集（第3集）

電気学会倫理委員会　編

電気学会

まえがき

電気学会には，技術者が倫理課題に直面したときに，自ら考え行動するための倫理綱領，行動規範があります。この倫理綱領，行動規範をよりどころとして判断することができるようになって頂きたく，実際に判断してみる演習に活用できる学習教材として，これまで2冊の技術者倫理事例集を発行しました。2010年に発行した第1集は，核燃料の取り扱いに関する臨界事故，鉄道の脱線事故および施設の設備事故など会社組織の倫理的行為が問われる事例を題材に電気技術者がとるべき倫理的な判断が学べることを目的としました。2014年に発行した第2集は，技術者倫理も大きく問われる2011年3月の大震災事例を取り上げるとともに，建設的で倫理的な良好事例もいくつか掲載しました。加えて，理解の助けになるように技術者倫理に関わる言葉の定義を明示しました。

第2集を発行して以降，遺憾ながら，我が国において会社組織が提供する製品品質に関わる不正の事実が多く報道されてきました。いくつかの事案は組織的に常態化されていたことも指摘されています。学者や専門家などからは，不正行為の複合要因として，インセンティブ，機会，正当化，能力・性格などが指摘されています。少なくとも組織的な常態化は悪意のあるインセンティブではなく，自分たちの行為を正当化してしまうことにあるのではないかと思います。例えば，性能や品質には問題がないので，製品が準拠すべき工業規格や顧客との契約上の試験条件などは少しくらい異なっても大きな問題ではないという正当化が行われるかも知れません。または，昔からこのやり方で問題になっていないなど，組織的な慣習に起因する可能性もあります。このような品質問題だけでなく，仮に，さまざまな不正行為の複合要因が作用する環境にあっても，客観的な倫理的評価と主観的な倫理的判断ができれば，技術の専門家としての社会的責務を果たす行動ができるはずです。少なくとも歪曲された正当化を排除できると信じています。さらに，社会の法令や組織の規範などは，当然，遵守すべきことでありますが，技術者倫理の深い理解は，将来の事故リスクを軽減させ，または未然に防ぐための自らの判断や行為につながります。

このたび，第3集の技術者倫理事例集を発行します。この事例集は，2022年4月に電気学会倫理委員会に設置した技術者倫理事例集第3集ワーキンググループ（WG）にて作成しました。新たな事例集では，技術者倫理の基礎を学んで頂くことを目的に学際的な観点から技術者倫理・倫理学に触れ，技術者の役割に言及し，加えて，これまでの事例集の内容を一新して，事故・災害，ビジネス倫理，研究不正など幅広く16の事例を掲載しています。また，本書の主タイトルは『科学者・技術者として活躍しよう』です。技術の専門家が自らの専門性を高め，技術を研鑽し，高い倫理観をもって社会的責任を全うしてほしいとの願いを込めています。この事例集が，多くの組織と技術に関わる人々の技術者倫理の深い理解の一助となることを願っています。

令和6年7月

一般社団法人 電気学会

倫理委員会委員長　南 裕二

目　次

事例と事例集の使い方
第Ⅰ部　技術者倫理の基礎
基礎1：エンジニアとエンジニアリング……1
基礎2：技術者倫理と倫理学の視点……7
基礎3：企業の中での技術者の役割と責任（技術者倫理の観点から）……17
基礎4：技術者倫理を検討する際に使える構図と使い方……22
第Ⅱ部　事例に学ぶ
第1章　事故・災害などの事例を考える
事例1：チャレンジャー号事故再考……27
事例2：ジョンソン・エンド・ジョンソンの事例について……38
事例3：新幹線と地震対策PART Ⅱ……46
第2章　ビジネス倫理を考える
事例4：太陽光発電の傾斜地への展開の課題……55
事例5：米国NSPE倫理規定と日米倫理観比較……61
事例6：日本企業初の人権報告書……70
事例7：私心を去り信念を貫く……76
事例8：電気関係報告規則に該当する電気事故報告……81
事例9：岡崎市立中央図書館事件……86
事例10：逸脱の常態化　―企業における設計担当部署の事例―……94
第3章　科学技術と技術者のこれからを考える
事例11：定量的なリスク評価……99
事例12：若手技術者が挑み続ける長い闘い……110
事例13：旧石器遺跡捏造事件……124
事例14：研究不正による京都大学霊長類研究所の改編……130
事例15：科学技術と報道……133
事例16：逸脱の正常化　―ある理工系大学の技術者倫理の講義―……141
第Ⅲ部　資料
事例と電気学会倫理綱領・行動規範との関係……146
電気学会倫理綱領……148
電気学会行動規範……149
あとがき……158
【引用・参考文献】……160

事例と事例集の使い方

■本事例集の狙い

この本の読者は企業の研究開発や設計更には経営等の現場で，大学等の研究室等で，倫理的な課題に直面することがある。上から作業の指示があったがそのままやってよいものだろうか，まずいんじゃないかと思ったりする。そのとき直感的に判断する，あるいは盲従するのもあり得る行動パターンである。別の行動パターンに，自分でよく考え，よく相談してから判断することがある。

倫理的な課題には二次方程式の解の公式のような一意の解を与えるルールは存在しない。解は無数にあり，状況を十分に理解のうえ最適と思われる解を選ぶことになる。自分で考えて，関係者と相談して，最適解を選ぶ力を獲得することが必要である。

多くの読者は科学技術とかかわりが強い方々であろう。科学技術の多様化・高度化が加速している現在，読者が実世界で遭遇するであろう倫理的課題は多様さ複雑さを増している。この事例集には多様な事例を収録してある。技術者倫理に関わる基礎的な事項についてもいくつかの小論を収録してある。それらを学ぶことを通して，実世界で遭遇する事例に自主的・自律的に立ち向かう力をつけていただくこと，それが本事例集の狙いである。

■本事例集の構成

この事例集は，次のような3部の構成になっている。

第Ⅰ部　技術者倫理の基礎
第Ⅱ部　事例に学ぶ
第Ⅲ部　資料

読者が，この事例集を手に取る動機はさまざまであろう。技術者倫理に関心があり，独学したいと思っている方もいるであろう。大学などの教育あるいは企業研修のテキストとして，教員・講師から予習するべき事例を指定され，この事例集を手にしている方もいるであろう。使い方が異なれば，読み方も変わる。

第Ⅰ部は，技術者倫理に関する基礎的事項を4編収録した。第Ⅱ部は16編の多様な，3つのグループには分けてあるが基本的には独立した事例で構成した。事例の長さはさまざまにしてあるので，使用目的に合わせて選択することもできる。長さで分類すると下表を得る。第Ⅰ，Ⅱ部のすべての事例には，末尾に「考えてみよう」との設問を数件置いてある。第Ⅲ部には，電気学会の倫理綱領と行動規範などを収録した。

表1　事例の長さ

短編	事例7，8，10，14，16
中編	事例2，4，6，9，13
長編	事例1，3，5，11，12，15

本書はどこから読み始めて，どのように読み進めてもよいが，まず第Ⅰ部で技術・技術者，倫理，会社・社会を考え，個々の事例を分析する際の一つの手法を学んでから，第Ⅱ部に進むのも一法であろう。

■考えるための拠り所

技術者倫理課題には「人」が何らかの形でかかわっている。課題解決のためには「人」がどのように行動するべきかが問われる。「人」は公的組織とか何らかの共同体に属している。企業組織は創業理念・行動基準など，大学は建学の精神・研究規範など，国家は法令など，その他の組織もガイドラインなどをもっているので，課題解決にあたってはそれらをよりどころとして積極的に活用することが望ましい。

電気学会は1998年に倫理綱領を，2007年に行動規範を定めた。本事例集は第1集(1)，第2集(2)に続く第3集であるが，それらの刊行に共通する目的の一つに，電気学会の倫理綱領・行動規範が倫理課題解決に役立つことを，読者に事例学習を通して実感していただくことがある。そのためのツールとして「事例と電気学会倫理綱領・行動規範との関係」（pp.146–147）がある。表形式になっていて各欄は空欄になっている。「考えてみよう」を考えるとき，電気学会倫理綱領・行動規範に参考になるものが必ずあるはずなので，それを空欄に記入して考察してほしい。もし可能なら他の学習者と意見交換してみてほしい。

■研修室・教室での活用方法

この本の事例の多くは，学ぶ者（企業人または学生）が一室に集まれる場合には，ケースメソッドと呼ばれる教育方法が採られることを期待して書かれている。ケースメソッドでは，学ぶ者は教材の資料（事例；つまり case）から「考えられる問題についてさまざまな角度から意見を出し，ディスカッションをする。このとき，教師はディスカッション・リーダーシップを取ることで，クラスの議論が有益な展開になるように論点の流れの舵を取る。」[3]事例の中に唯一無二の正解は書かれていない。それは学習者が実世界で直面する技術者倫理課題に唯一無二の正解がないのと同じ状況である。学ぶ者はディスカッションを通して最適の解を探してゆく。教師は学ぶ者が解を探す力をしっかりと身に着けられるように，ディスカッションをリードする。

■用語

技術者倫理に関連してさまざまな語が用いられる。例えば倫理，道徳，モラル，あるいは会社，企業，ビジネスなどである。本事例集は多くの執筆者がその体験や考え方をベースにして個々の事例を執筆した。その結果として用語法に若干のゆらぎが生じているが，一般の辞書的な意味合いを逸脱せず，かつ個別事例内で矛盾した使い方になっていない限り，そのゆらぎは許容した。

関連する記事として次があるので，参照願いたい。

* 本事例集の「基礎 4：技術者倫理を検討する際に使える構図と使い方」の冒頭部分
* 電気学会倫理委員会編「事例で学ぶ技術者倫理（技術者倫理事例集第 2 集）」の「第 I 部技術者倫理の基礎」の「1. ことば」，電気学会（2017 年），p.5

■注意事項

取り上げた事例の記述に当たっては，技術者倫理を学び，考えるための教材作成との目的のもとに，事項の取捨選択が行われている。提示した事実やそれに基づく記述はあくまで教育研修目的のものであり，電気学会としての公式見解を示すものではない点に，ご理解をお願いする。

第Ⅰ部　技術者倫理の基礎

基礎１：エンジニアとエンジニアリング

（１）エンジニア

「エンジニア」と聞いて“電気配線の技術者”，“車修理の技術者”，“IT に詳しい技術者”などを思い浮かべたり，“上司から与えられた仕事を黙々とこなす人”とイメージしたりしないか。現代社会ではエンジニアは，広範にわたりさまざまなところで縁の下の力持ちとして活躍している技術者，というのが一般的な受け止め方のようだ。日常過ぎて，エンジニアが歴史的にどのように登場したかを考える機会は少ないのではないか。

実は，エンジニアの語源は『知恵を使って工夫する人』であり，19 世紀後半，スコットランド人技師が『エンジニアとは，社会進化の旗手であり，生涯にわたって，研究，創作していく専門職の人』と言ったのが原点だと，（２）で紹介するスコットランド人のヘンリー・ダイアーが言っている[(1)]。とても高い位置付けで登場したと驚くかもしれないが，この位置づけは現代まで受け継がれており，いよいよエンジニアへの期待は高まっている。

スコットランド人技師が言及した「研究，創作していく専門職」を深掘りしてみよう。

研究とは，知りたいことを深く考えたり，詳しく調べたりすることであり，科学に通じる。得られた知識を体系化していくことを科学と言い，体系化された知識も科学と言う。科学は，真理を探ることを目的とし，自然科学，人文・社会科学と広く，多様に展開されている。

創作とは，それまでなかった「もの」や「こと」を新しく作り，生み出すこと，およびその「もの」や「こと」を指す。その際，科学も活かすのは当然である。創作は技術（わざ，すべ）に通じる。ここでは，技術を創作とその方法をまとめた意味で使いたい。

人類は素材と道具を創作し，それらを使い，様々な文明の利器，社会インフラ，現代では，インターネットも AI も創作してきた。種々の武器も，ロケット，人工衛星，宇宙船も創作し，その活動範囲を宇宙へも広げている。

人類の創作は，ことば，文字，芸術，スポーツ，文学，…，決まり，法律，宗教，経済活動，…，国家，議会，行政，司法，…，などなど数えきれない。

今ではどの分野でも技術という言葉が上記の定義で頻繁に使われている。

言葉を換えて言えば，研究（科学）および創作（技術）は，現代では文理問わずに個々の専門分野内に閉じておらず，宇宙・地球および人類のすべての事象に繋がって展開している。

創作は夢ばかりではなく，同時に弊害も起こす。弊害には，重大な被害をもたらす損壊（事故），膨大な資源・エネルギーの消費，それに伴う自然破壊などなどがある。「美しい」地球が「安寧な」惑星だと安穏には言えない。自然災害が地球のいたるところで次から次へと発生する。また，経済的，政治的，軍事的対立が地球上の各所で悲惨な戦争も起こしている。このように自然災害や紛争による被害を否応なく被っている幾百万幾千万の人々がいるのもこの惑星の現実である。

問題解決の正解があれば好都合だが，そうはいかない。創作では，より高い効能を求め，かつ弊害を最小限化していくための試行錯誤が続く。その地道な営みを進めるのが得意なエンジニアこそが，創作がもたらす正負の効果について誰もが理解しやすい言葉で説明できるし，説明すべきではないか。そのためにも，文理を越えた科学および技術に繋がり，精通しようとするエンジニアが活躍すべき時代になったと思う。ここにエンジニアを『社会進化の旗手』の専門職とする現代的な深い意味があると思う。

（2）エンジニアリング

専門職であるエンジニアへの社会的期待を強く自覚して活動しているエンジニアの国際組織をここで紹介しておこう。JABEE 認定（後述）との関係で IEA[†1] を，また技術者資格としては技術士との関係で APEC Engineer[†2] をご存知の方も多いだろうが，馴染みが薄い CAETS[†3] を紹介しておきたい。

CAETS は，政府から独立した立場を保ち，各国代表（一つのみ）と認定されたアカデミーだけが加盟できる組織で，Engineering a better future をスローガンに，『全世界の経済成長，持続可能な開発，社会のウェルビーイ

---

†1　International Engineering Alliance（国際エンジニアリング連合，IEA: https://www.ieagreements.org/）　最終参照日 2023.9.13

†2　APEC 域内で有能な技術者が国境を越えて自由に活動できるようにするための制度：https://www.engineer.or.jp/c_topics/000/000150.html　最終参照日 2023.9.13

†3　International Council of Academies of Engineering and Technological Sciences（国際工学アカデミー連合，https://www.newcaets.org/）　最終参照日 2023.9.13

ングを促進するためのエンジニアリングおよび技術科学の進歩への国際貢献』を目指している。この団体の知名度はまだまだ高くないが，それぞれの加盟国（31か国）において，政策決定などに一定の影響力を発揮している。国際的な視野をもちたいと思うならば，是非とも注目して欲しい団体である。日本からは日本工学アカデミー（https://www.eaj.or.jp/）が加盟している。

ここでエンジニアリングの定義についても原点から見ておこう。

明治初頭（1873年）に来日し，工部省工学寮（後の工部大学校，Imperial College of Engineering†1，Tokyo，東京大学工学部の前身）において，エンジニア育成教育を世界に類例のない仕組み（座学と実習の結合，6年制，総合科としての工学部）で実施したヘンリー・ダイアーは，『エンジニアリングは自然の力を社会の必要に適合させること』（ヘンリー・ダイアー　工部大学校第1回卒業式（1879）送辞講演『エンジニアの教育』）と言った[(1)]。

この定義は明快で現代にもつながる。例えば，アメリカのエンジニアリング教育認定団体であるABET†2は，『エンジニアリングは人類の利益のために自然の資源と力を経済的に利用する方法を開発するという判断に基づいて，学習，経験，および実践によって得られた数学的および自然科学の知識を適用する専門職業』と定義している。

ABETなどと協力協定を結んでいる日本技術者教育認定機構（JABEE）は，『技術業†3とは，数理科学，自然科学及び人工科学等の知識を駆使し，社会や環境に対する影響を予見しながら資源と自然力を経済的に活用し，人類の利益と安全に貢献するハードウェア・ソフトウェアの人工物やシステムを設計・製造・運用・維持並びにこれらに関する研究を行う専門職業である。ここで，専門職業とは，社会が必要としている特定の業務に関して，高度な知識と実務経験に基づいて専門的なサービスを提供するとともに，独自の倫理規程に基づいた自律機能を備えている職業であり，単なる職業とは区別される。』とさらに詳しく定義している[(2)]。

このようにエンジニアリングを人類，社会に貢献する職業とはっきりと謳

†1　エンジニアリングを「工学」としている例が多いが，もともとは「工」に対応していたことが，日英対比すればわかる。ちなみに「大学校」は複数の単科を総合したという意味である。単科は「小学校」と呼んだ。

†2　Accreditation Board for Engineering and Technology，https://www.abet.org/　最終参照日 2023.9.13

†3　技術業はエンジニアリングと読み替えてよい。

って，『社会進化の旗手』を言い換えている。エンジニアは，この目標の実現のために，組織の一員としても，「個」としても，社会的に高い倫理観や自覚を持つべきであるし，さらに人文・社会科学にも通暁していくべきである。

(3) 日本のエンジニアが自覚を強めるべき課題

「個」の高い倫理観，自覚に関連して，もっと関心を払っていただき，一人一人に深耕いただきたい点を最後に述べる。

(3.1) 技術効果の多面性を直視する

経済安全保障，地政学的観点，Dual Use などの言葉をよく耳にするようになっている。また，「100％安全はない」というフレーズがある。人間の能力を超える「生成 AI」ができるというセンセーショナルなものもある。科学的精神に立脚すれば，

①「軍需」であれ「民需」であれ，技術を動かす自然法則は変わらないことを，エンジニアが先導して一般社会の共通認識にしなくてはならない。
②人類の創作に「完璧」はない。また，性能不変もありえない。いかなる技術も自然法則に基づきその性能は経年変化（大概は劣化）することも，一般社会の共通認識にしなくてはならない。点検，補修により性能を延命できる場合が多いが，それでも 100％安全は保障できない。自分の分担範囲を越えて，作って，使う，廃棄または再利用の技術の全生涯にエンジニアは関心を払い，責任を持たないといけない。
③自然法則に国境はないが，利害関係には国家間，所属組織間の壁がありえる。この意味でエンジニアは，コスモポリタンであり，同時にナショナリスト（所属組織に貢献する，と読み替えてもよい）にならざるをえない矛盾を抱える。

このような多軸的な多面性に一人一人が自覚的に対峙することが今後ますます否応なく求められる。人文・社会科学的な知見も不可欠になる。

(3.2)「こころの知能」を伸ばす

立場の違いや利害関係があることを前提に，所属組織を超え，国境を越えて活動することもエンジニアには求められる。インターネット社会では，時間，場所の違いを容易に越えてしまう。したがって，お互いのことを学び合

う必要性が増大し，そのための情報アクセスもどんどん便利になっていく。AIにお願いすれば，世界で一番素晴らしい答えを出してくれると思える人もいるかもしれない。どのような情報を得るかは極めて大事として，エンジニアにとって格段に大事なことは，他者とのコミュニケーションである。ところが，どうも日本人がその点で世界一苦手らしいと見られている。

容易に入手できる国際ランキング情報を冷静に見てみよう。

①イギリスのクーポン共同購入サイト「バウチャークラウド」が，2019年に「世界で最も賢い国」ランキングを発表した[†1]。ノーベル賞受賞者の数，国民の平均知能指数IQ，小学生の学習成績の指標から導き出し，日本は総合１位となり，「世界で最も賢い国」に選ばれた。ちょっと誇らしい。

②一方，米国の心理学者の理論を元に，自分や他人の感情についてどれだけ抑制力・理解力があるかを測る指標として「EQ: Emotional Intelligence Quotient」(「こころの知能指数」) というものがある。2019年，160ヵ国・地域でEQテストした結果[†2]，日本は世界最下位の平均点だった。

二つのランキングを縮めて言えば，日本人は「最も賢い頭脳を持つが，こころの知能は最低」ということだ。「こころの知能」を伸ばすことは，所属する組織（国も含む）にも問われるが，エンジニア一人一人にも問われる。

エンジニア同士が垣根を越えて認めあい，交流できる場をボトムアップで築いて，他者とのコミュニケーションを楽しみ合うというはどうか。

考えてみよう

（1） 1章 「創作を総合的に対象としていく科学と技術」のために，自然科学と人文・社会科学がどうすれば協力しあえるだろうか。

（2） 2章　エンジニアリングを「単なる職業ではない専門職業」とするには一人のエンジニアとしてはどうすればよいだろうか。

（3） 3章2節　職場の「こころの知能」を高めるためにはどうすればよいだろうか。

---

†1　Vouchercloud: World's Smartest Countries, https://www.vouchercloud.com/resources/worlds-smartest-countries　最終参照日 2023.9.13

†2　シックスセカンズジャパン：https://6seconds.co.jp/eq-articles/release-190123　最終参照日 2023.9.13

本事例の記述は，倫理教育の立場から記述したものである。電気学会として本事例に対する見解を取りまとめたものではない。

基礎2：技術者倫理と倫理学の視点

(1) はじめに

本章では，技術者倫理を考える上で知っておきたい倫理学に関する概念や考え方，近年の動向にどのようなものがあるかを考察する。また，近年の動向から，技術者倫理に新しい考え方を導入する必要があることを指摘する。

あまりに抽象的な倫理学的概念は現実の問題を考えるには何ら役に立たないと考える人もいるかもしれないが，そのようなことはない。ドイツ原発廃止論議やAIの倫理的側面からの議論を見るまでもなく，倫理学は実践の学であり，しかも近年新しい考察がなされている学でもある。日々進歩し，社会への影響力を増す科学技術がもたらす倫理的問題は，技術者自身によっても問われねばならない課題である。学としての倫理も知った上でアプローチしてもらいたい。

(2) 知っておきたい概念や考え方(1)

① ステークホルダー

まずステークホルダーという概念を取り上げる。厳密には倫理学の概念ではないが，技術者倫理をはじめ倫理的問題を考察する際にもしばしばその考慮の必要性が主張される。

例えば，目の前の上司に何かを命じられてどうしようかと考える場合，その上司や他の同僚など組織内のことは配慮の対象となりやすい。大学の研究室での研究推進をめぐる教授と大学院生の関係なども，ある意味で共通である。しかし，何らかの行為をとるとその影響は組織を越えてさまざまなところに及ぶ。また，行為をとろうとするときに影響を及ぼすのは，家族や恋人など上司以外にも存在する。このように倫理的決定を下す場合にさまざまな形で影響を及ぼす存在がステークホルダーである。すなわち，ステークホルダーとは「ある道徳的行為者の意思決定や行為に，直接的および間接的な影響を与えたり，それらによって影響を受けたりする存在」(2) のことである。

ステークホルダーは利害関係者と訳されることもあるが，それでは誤解を招くこともあるので技術者倫理の教科書ではステークホルダーと表記されることが多い。というのは，第一に，「利害」という表現によって，金銭的影響のみを考えてしまう恐れがあるからである。倫理的問題に影響を及ぼすのは，金銭的に関係のある人ばかりではない。第二に，「関係者」という語によって人のみを想定してしまう恐れがあるからである。上司や家族以外にも，会社や地域住民，さらには一般市民などさまざまな存在が影響を与えたり，影響を受けたりする。

注目すべきことに，ステークホルダーには見えやすい存在と見えにくい存在がある。また，強い存在と弱い存在がある。目の前で何かを命じてくる上司は見えやすく，また強いステークホルダーと言える。一方，自分の行動によって影響を受けるかもしれない一般市民は時に見えにくい存在で，また何も知りようがなくどうしようもないという意味でも，場合によっては悪影響を受けるという意味でも弱い存在と言えるだろう。

倫理的問題に適切に対処するためには，自分や所属する組織などいわば身の回りを越えてさまざまなステークホルダーの視点を考慮すること，特に，見えにくいけれども弱い存在の視点を考慮することが求められる。

② 普遍性と自律

ところで，そもそも倫理とはどのようなものだろうか。世の中には法律や規則で決まっていることもたくさんあるのに，なぜ倫理や道徳ということが言われるのだろうか。技術者倫理を考える上で，そもそも倫理的思考がどのようなものかを知っておくことも大切だろう。

倫理的思考の特徴として，まず普遍性を挙げることができる。そもそも「倫理」や「道徳」は，共同体において一定の秩序をもって人々を結びつけている「慣習」や「習俗」を意味する言葉に由来する（なお，本章では倫理と道徳を同義に用いることとする)。その意味で，倫理とは「共同体における行動規範の総体」であり，倫理や道徳を欠く共同体はありえない。すなわち，倫理は，単なる個人的な行動指針という意味を超えた「普遍性」を備えているのである[(3)]。

もう一つ，「自律」をその特徴として指摘することができる。倫理的思考は，行為が定められた規則に適合しているかどうかということだけでその行為の善悪を判断するのではなく，行為者自身による自律的選択という契機からも行為を評価する[(4)]。すなわち，仮に規則が存在する場合でも，ただそれに従うだけではなく，その規則の意義を理解して自らそれに従うことを選択し決断するということを重視するのである。そもそもわれわれが責任を負うことができるのは自分が選択し決断した行為のみであり，原則として他人に強制された行為に責任を負うことはない。自らの選択と決断を尊重するということが，単なる法律の遵守（他律）とは決定的に異なる点である。

③ 倫理的問題の典型

われわれがどのような倫理的問題に直面しうるのかを知っておくことも有益だろう。典型的な倫理的問題に「ジレンマ問題」と「線引き問題」がある。

ジレンマ問題は，一人の人間にいくつかの要求が課せられており，それらを同時に満たすことができないにもかかわらず，いずれかを選択しなければならないという状況で生じる(5)。すなわち，複数の要求あるいは責務の間で板挟みになった状況で生じる問題である。例えば，技術者も企業の被雇用者としての責務と専門家としての責務の間で板挟みに陥る場合があるだろう。ジレンマ問題に対処するには，それぞれの要求や責務の内容・本質を吟味すること，およびどのような視点からその優先順位を考えるのかを明確にすることが大切である。

線引き問題は，ある倫理的規則の妥当性を前提とした上で，それを具体的に行為に当てはめるときに，規則をどのように理解し判断するかという場面で生じる(6)。そもそも規則とは一般的な形でしか定式化できない。例えば，「教室にピストルを持ってきてはいけない」「ナイフを持ってきてはいけない」「ライオンを連れてきてはいけない」という形で規則を作ろうとしても際限がなく，したがって「教室に危険なものを持ち込んではいけない」と一般的な形で規則を定式化するしかない。規則が一般的であるからこそ，その規則に従って行為しようとする場合に「解釈」が必要になる。例えば，先の規則がもっともだと考えてそれに従おうとする場合，授業に使う予定のないカッターは持ち込んでいいのか，護身用のペンナイフは持ち込んでいいのかなどその解釈が必要になる。すなわち，どこまでが良くてどこからが良くないのか規則の解釈が必要になる。この問題に対処するには，規則や条文の「精神」，あるいは「理念」を理解することだろう(7)。すなわち，解釈の問題といっても，恣意的な，自分に都合の良い解釈のみがまかり通るのではない。そもそもなぜそのような規則や条文が制定されたのか，その精神を理解することが大切である。

（3）代表的な倫理学理論(8)

倫理を問題とする場合，次の三つを区別することができる。すなわち，（1）行為者，（2）行為，（3）結果という三つのレベルである。「行為者」

が「行為」することによって何らかの「結果」が生じると考えられるのである[9]。この三つは倫理学における代表的な理論に対応している。すなわち，「行為者」に注目する「徳倫理学」,「行為」に注目する「義務倫理学」,「結果」に注目する「功利主義」である。

第一に，行為者に注目するのが徳倫理学である。徳とはなかなか難しい言葉だが，徳倫理学でいう徳（virtue）は，よさや卓越性を意味するギリシア語のアレテーに由来する。古代ギリシアの倫理学では，人を「よい人（卓越した人)」にするものは何であるかが問われた。徳倫理学では，まさに「行為者」および「人柄」「性格」ということが議論の中心になる。徳にはさまざまなものがあり，古代ギリシアにおいては知恵，勇気，節制，正義のいわゆる四元徳が，キリスト教世界では信仰，希望，愛が根本的な徳と考えられた[10]。

第二に，行為に注目するのが義務倫理学である。義務倫理学は，「行為」に注目し，その行為が義務を尊重して行われたかどうかによって行為のよさを評価する。義務をひたむきに守ろうとする動機を重視するのである[11]。では，どのような規則が義務になるのだろうか。この立場では普遍化可能性がその基準になる。例えば，私が「嘘はつかない」という個人的指針を持っているとする。この指針はあなたにも彼にも彼女にもあてはまる，すなわち普遍化可能だと考えられる。こうして「嘘はつかない」ということが人として守るべき道徳法則として確立されるのである[12]。

第三に，結果に注目するのが功利主義である。功利主義は，結果を行為の評価基準として，結果として幸福を最大にするような行為をよい行為とする。功利主義では「最大多数の最大幸福」を実現する行為が正しい行為であり，唯一の絶対的な価値は幸福（快楽）であると考える[13]。すなわち，多くの幸福をもたらす行為（あるいは規則）が正しいものとされ，それは幸福のみに内在的価値があるという善の理論に基づいているのである[14]。

それぞれの理論にはそれぞれの問題点もあり，倫理学では各理論の妥当性が問題となる。しかし，技術者倫理の文脈では，倫理的問題を考える場合に「行為者」「行為」「結果」という三つのレベルがあるということを理解しておくことが大切だろう。問題に直面して何らかの行動をとる場合，行為者としてのあなた（個人としてのあなた，専門家としてのあなた，従業員としてのあなたなど)，あなたのとる行為そのもの，その行動のもたらす結果というそれぞれの観点から考察することが大切なのである。

（4）設計としての倫理

問題に直面した人は，さまざまな価値や制約条件を考慮しながら，倫理的に決断しなければならない。しかし，残念ながら，倫理的問題には数学の解法のような明確な解決方法は存在しない。前節で確認したように，倫理学理論が異なれば，倫理的考察の視点も異なる。また，倫理学理論は，すでになされた行為の善悪の判定には役立つが，行為の考案には効力をもたないとも考えられる。倫理的意思決定のためには，置かれている状況を倫理的に分析する能力だけではなく，取りうる行動を考案する創造力・構想力が要求される。すなわち，倫理的問題には唯一絶対の正解はなく，また問題解決のためのアルゴリズムも存在しないのである。

この事実を目の前にして不安に駆られる人もいるかもしれない。あるいは，そのような正解のない問題について考えても仕方がないという人もいるかもしれない。

しかし，実は，技術者が現実に接している問題もまさにこのような種類の問題だと言える。例えば，自動車の設計を考えてみよう。自動車は，安全性，耐久性，デザイン，などいろいろな価値や制約条件のバランスをとって作られている。その設計に唯一絶対の正解があるだろうか。もちろん，そのようなものは存在しないだろう。市場に無数の車種が出ているということは，唯一絶対の車はないということの明白な証拠である。このように，技術者の扱う設計問題と倫理的問題は同じ種類の問題であると言える。

このような考え方はキャロライン・ウィットベック（Caroline Whitbeck）が主張するもので，「設計としての倫理」と呼ばれ，技術者倫理における倫理の考え方の代表的なものの一つである[15]。また，倫理的問題に直面したときに取りうる行動を考案するための具体的な方法として，マイケル・デイビス（Michael Davis）が考案したセブン・ステップ・ガイド（Seven-step Guide）と呼ばれる方法がしばしば紹介されるので参照されたい[16][17]。

（5） 科学技術がもたらす社会的問題への関心[18]

① 日本における動向

従来，米国にルールをもつ技術者倫理教育は技術者個人のとるべき行動の考察（ミクロレベルの問題）に注目するのが主流であったが，今後はより広く科学技術が社会にもたらす問題（マクロレベルの問題）をより真摯に考察することが求められているように思われる。このことは，科学技術の倫理的・法的・社会的課題への関心の高まりにも見て取れる。すなわち，ELSI（ethical, legal and social implications）に対する関心の高まりである。

日本においてもゲノム研究の進展とともに，ELSI研究が進められることになった。2003年，文部科学省が個人の遺伝情報に基づいた医療の実現化プロジェクトとして，「オーダーメイド医療実現化プロジェクト」を立ち上げたが，その開始にあたってELSIを検討する委員会が設置されたのが最初の事例のようである[(19)]。この流れでは，国立研究開発法人日本医療研究開発機構（AMED）がELSIにかかわるさまざまな研究支援を行っている[(20)]。

現在では，日本でもさまざまな領域でELSI研究が進められようとしている。第5期科学技術基本計画（2016〜2020年度）の第6章「科学技術イノベーションと社会との関係深化」では「倫理的・法制度的・社会的取組」の項目が設けられ，「新たな科学技術の社会実装に際しては，国などが，多様なステークホルダー間の公式または非公式のコミュニケーションの場を設けつつ，倫理的・法制度的・社会的課題について人文社会科学および自然科学の様々な分野が参画する研究を進め，この成果を踏まえて社会的便益，社会的コスト，意図せざる利用などを予測し，その上で，利害調整を含めた制度的枠組みの構築について検討を行い，必要な措置を講ずる」ことが明記されている[(21)]。

さらに，2021年度からの5年間を対象とする計画では大きな変化が生じた。すなわち，1995年に制定された科学技術基本法は2020年に本格的に改正され，法律の名称が「科学技術・イノベーション基本法」（したがって，計画も第6期より「科学技術・イノベーション基本計画」と名称が変更）となり，「今後は，人文・社会科学の「知」と自然科学の「知」を融合した『総合知』がますます重要」となり，「人文・社会科学の真価である価値発見的（heuristic）な視座を，科学技術・イノベーション政策と融合していくことが求められる」との認識が示されたのである[(22)]。

② ELSI・RRIへの関心の高まりと技術者倫理[(23)]

現在，国内外でELSIあるいはRRI（Responsible Research and Innovation：責任ある研究・イノベーション）への関心が高まり，その中で人文社会科学と自然科学との協働が期待されている。このような関心の高まりに技術者倫理はどのように応答できるだろうか。

第一に，科学技術が社会に及ぼす影響など，いわゆる「マクロレベルの問題」を積極的に考察することが必要である。事実，ヒトゲノム計画に対して一般の人々がさまざまな懸念を抱いたのと同様に，現在ではAIやゲノム編集などの新興の科学技術に対して，さまざまな社会的懸念が生じている。専門家として，自らがかかわる技術に関して，技術的な課題以外に倫理的・法的・社会的課題を考察する必要があるだろう。

第二に，事後的な視点だけでなく，将来を見据えるような視点から問題を考察することが求められる。たしかに，同じ失敗を繰り返さないように過去の事故・事件から教訓を学ぶことは大切である。しかし，そのような事後的な視点から事故や事件のケースを考察するだけでは不十分だと考えられる。最近の動向において求められているように，問題が起きないかどうかを監視するだけでなく，当該の技術が社会に何をもたらすのか，特に人類の幸福（human well-being）にどのように寄与するのかを価値発見的に考察するためには，事後的な視点とは異なる視点が必要だろう。

（6）おわりに―プロアクティブな倫理に向けて(24)

① 志向倫理の考え方

事後的ではない，将来を見据えた視点として，現在でも志向倫理（aspirational ethics）の考え方が知られている。例えば，米国における代表的な教科書の一つで日本でも早くから翻訳書が出版されているチャールズ・E・ハリス・ジュニア（Charles E. Harris Jr.）らの *Engineering Ethics: Concepts and Cases*（『科学技術者の倫理　その考え方と事例』）は定期的に改訂がなされているが，その第4版（2009年出版。翻訳書は未刊）でこの志向倫理の考え方が新しく導入されている。

志向倫理とは，予防倫理（preventive ethics）と対比して用いられる考え方である。予防倫理が倫理的に不適切な行為に起因する危害の予防に焦点を当てるのに対して，志向倫理は技術者倫理のよりポジティブな側面を強調し，自らがかかわる技術を通して人類の幸福を促進するという観点から倫理を捉える。ハリスらはこのような志向倫理の考え方を導入し，ルールや規範に注目するのではなく，「善き技術者（good engineer）」，そしてそうした技術者が備えている「専門家としての品性（professional character）」に注目することの必要性を論じる。

初版（1995年出版。翻訳書は1998年出版）でハリスらが予防倫理の考え方を提示したとき，そこには未来を見据えた視点が含意されていた。というのは，ルールや規則による「禁止の倫理（prohibitive ethics）」に対して彼らが予防倫理の考え方を提示したとき，それは予防医学（preventive medicine）の概念をもとにしたものだったからである。すなわち，病気がひどくなる前に健康に配慮するように，「事前に考えること」によって，深刻な問題が発生するのを防ぐことの重要性が述べられているのである(25)。このように，予防倫理の考え方に含意されていた将来を見据えた視点を発展させて，さらにその積極的側面を強調したのが志向倫理の考え方だと捉えることができる。

技術者倫理に志向倫理の考え方を導入しようとする動きは日本でも見られる。特に札野は技術者倫理に志向倫理の考え方をいち早く導入し，さらにポジティブ心理学の知見を活用しながら，「Well-being」や「幸せ」に注目した独自の技術者倫理のあり方を提示して日本の技術者倫理教育のあり方に大きな影響を与えている(26)(27)。

②　プロアクティブな倫理

技術者を委縮させるのではなく，元気づけようとする志向倫理の考え方は，技術者倫理教育の現場にとって歓迎すべきものだろう。ただし，志向倫理が将来を見据えた視点を含意するものだとしても，それは本章で考慮すべきだと考えている視点とは異なるものであることに注意したい。というのは，志向倫理および技術者の「幸せ」に注目した技術者倫理教育は，あくまで技術者個人を考察の中心としているからである。

ハリスらの志向倫理および善き技術者に注目する考え方は，技術者倫理に徳倫理の枠組みを導入しようとするものである。たしかに，善き技術者の徳に注目することで，ただルールに従って善い行動を導くのではなく，自らの裁量で善い行動を導くという意識，ひいては自分自身の動機付けによって善い行動をなそうとする意志を生み出すことが可能になるかもしれない。

しかし，徳倫理のアプローチは技術者が個人として備えるべき専門家としての品性に注目するものであり，その意味で考察の中心はあくまで技術者個人のあり方である。もちろん，専門家としてのアイデンティティを具体的に考察するためには，それを取り巻く社会的・政治的側面に関する考察も必要になるはずだが，あくまで目標とするのは個人としての専門的な徳の涵養であり，またそのさいに考察される社会的・政治的側面は既存のものである。

そこで，本章では，技術が新しい価値を生み出す有り様，ないし技術の社会的・政治的側面について，未来を見据えて（事前に）考察する倫理として「プロアクティブな倫理（proactive ethics）」という考え方を導入したい。すなわち，ことが起きてからではなく起きる前に考察する倫理という考え方である。先を見越して問題を考察するという意味とともに，事前に行動を起こすという意味を読み取ることができるように，あえて「プロアクティブ」と表記する。

ここで取り上げるプロアクティブな倫理の考え方は，技術哲学者マーク・クーケルバーグ（Mark Coeckelbergh）がAI倫理の領域で論じているものである。クーケルバーグによれば，私たちはAI技術の開発の早い段階において倫理について考慮しなければならないが，その考察は必ずしも何かを禁止することには限らない。制限を設けるネガティブな倫理とは別に，善き人生や善き社会についてのビジョンを発展させることを目的としたプロアクティブな倫理が必要なのである(28)。

プロアクティブな倫理は，研究・イノベーションの早い段階から当該技術にかかわる科学者・技術者だけでなく社会の諸アクターすべてが協働して善き生および善き社会のビジョンを発展させることを目指す。すなわち，新興の科学技術の成果を社会に実装するときの倫理的懸念を考察することだけでなく，当該の科学技術が人間・社会のWell-beingにどのように貢献しうるかを研究開発の段階から社会全体で検討しようというのである。

したがって，プロアクティブな倫理のアプローチを有効に機能させるためには「学際性（interdisciplinary）」と「超域性（transdisciplinary）」が必要である。また，現在欠けているのもこの二つの要素である(29)。すなわち，さまざまな学問分野が協働すること（学際性）と特定の専門領域を超えて協働すること（超域性）が必要なのである。人間・社会のWell-beingという観点から科学技術を検討するためには，当該技術にかかわる自然科学だけではなく，人文社会科学などさまざまな専門分野が交流することが必要であるし（学際性），また大学や研究の現場のみならず，市民，NPO，政府など，さまざまなアクターがそれぞれの専門領域を超えて協働することも必要なのである（超域性）。

プロアクティブな倫理を技術者倫理教育に導入することによって，倫理を単なる「足かせ」と捉える人たちに別の視点を与えることができるだろう。倫理的な懸念を事前に検討することも必要ではあるが，プロアクティブな倫理は何よりも技術が人間・社会の幸福にどのようにかかわるかを考察するものだからである。事故・事件のケーススタディや現実味のない倫理的ジレンマを中心とした教育に辟易する学習者も，自らがかかわる専門分野が善き人生や善き社会の実現にどのようにかかわるのかという考察には別の態度で臨むはずである。

このように，今後の技術者倫理において実現されるべき事項として，学習者がかかわる科学技術について善き人生や善き社会という観点から考察する機会を提供すること，そのために人文社会科学の知見も考慮しながら，技術開発や技術使用の倫理的・社会的側面にもっと敏感になるような考察機会を提供することがあげられる。なお，ここではあくまで技術者に焦点を当てているが，社会全体としてみた場合，人文社会科学の側にも新興技術に関する知識をある程度習得することが求められるだろう。クーケルバーグの歯に衣を着せない言い方を借用すれば，「技術者がもっと本を読むようになり，人文学の人たちがもっとコンピューターのことを知るようになれば，技術倫理や技術政策が現実にうまく機能する望みも出てくる」[30] のである。

今後の技術者倫理は，倫理学の視点を活用するだけでなく，より学際的・超域的な活動となることが期待されるのである。

考えてみよう

（1）ニュース等で話題になった事例を一つ取り上げて，その事例にどのようなステークホルダーが関係しているかを挙げて，それぞれどのような影響関係にあるか考えてみよう。

（2）ニュース等で話題になった事例を一つ取り上げて，その事例に「ジレンマ」や「線引き」の問題がないか考えてみよう。

（3）人工知能（AI），IoT，5G，ドローン，ChatGPT など，先端技術を一つ取り上げて，それが人類の幸福にどのように寄与するか考えてみよう。

本事例の記述は，倫理教育の立場から記述したものである。電気学会として本事例に対する見解を取りまとめたものではない。

基礎３：企業の中での技術者の役割と責任（技術者倫理の観点から）

企業に所属する技術者と技術者として就職を目指す学生を対象にして，技術者は，どのように社会と結び付き，どのような社会的責任を担い，技術者倫理がなぜ必要となるのかを述べたい。

企　業　と　は

企業とは何か。現代経営学の父と呼ばれるＰ・Ｆ・ドラッガーの言葉を引用したい。

「企業とは何かを理解するには，企業の目的から考えなければならない。企業の目的は，それぞれの企業の外にある。事実，企業は社会の機関であり，その目的は社会にある。企業の目的として有効な定義は一つしかない。すなわち，顧客の創造である。」[(1)]

企業は，商品やサービスを通じて社会的価値を顧客に提供し，その対価としてお金を得ている。得られたお金で新たな商品やサービスを開発し，顧客に提供する。この循環により，より多くの顧客が，商品やサービスを通じて社会的価値を享受し，より豊かな生活を送ることができるようになる。これが顧客の創造である。自動車や携帯電話を例に考えてみる。開発当初はとても高額で誰もが手にできるような商品ではなかった。しかし，今では自動車は一家に一台，携帯電話は一人一台が当たり前であり，自動車や携帯電話の無い生活など考えることはできない豊かな社会である。このように企業は社会の一員として不可欠な存在であることが理解できる。

企業の社会的責任

企業が社会の一員として不可欠であるため課された責任も大きい。法に従わなければならない。例えば，納税しなければならない。そして，法だけではなく倫理的責任も大切となる。これを企業の社会的責任（CSR: Corporate Social Responsibility）と言う。様々な視点から CSR を考える必要がある。ここでは，利害関係者（Stakeholder：ステークホルダー）を想定して CSR を理解したい。第一に顧客が企業のステークホルダーであることは先に述べたとおりである。加えて株主，金融機関，従業員，地域社会，行政などがステークホルダーとなる。さらに近年重要視されているのが地球環境である。地球環境もステークホルダーと考えるようになってきている。

技術者倫理の観点から企業の社会的責任について述べたい。ここでは，顧客と地球環境のステークホルダーに関して事例を使って説明する。なお，記載した事例に関する詳細をここでは説明しない。各自で調べて欲しい。

まずは顧客について述べる。顧客に提供した商品やサービスに欠陥があってはならない。ましてや生命に影響を及ぼしてはならない。自動車を例に考える。自動車に大きな欠陥があれば，人命にかかわる重大な事故につながることは容易に想像できる。2002年の三菱自動車の大型トレーラータイヤ脱落による母子死傷事故では，小説やドラマにもなるほど社会的なインパクトが大きく，企業の社会的責任の重大さを知ることができる。タカタのエアバッグの欠陥では，2017年にこの企業が市場から退場することになってしまった。エアバッグ欠陥による顧客の生命が脅かされた社会的責任はもちろん，大勢の従業員の生活基盤が突如奪われた。従業員というステークホルダーに対しても企業の社会的責任を果たせていない。

次に地球環境について，これも自動車を例に考える。自動車における二酸化炭素や窒素酸化物などの有害物質の排出は，最近規制が始まったわけではない。自動車の環境規制であるアメリカのマスキー法が1970年に制定された。当時の技術では，どの自動車メーカーも法で定められた環境規制の達成は不可能と考えていた。しかし，ホンダは，経営者と技術者が高い志のもと環境規制に対応したエンジンを開発した。結果，他の自動車メーカーも追随せざるを得なくなってしまった。その後，自動車メーカーは，何十年にも亘って地球環境を考慮した技術開発を日々進めている。一方で，このような良い例ばかりではない。米環境保護庁が2015年に発表したフォルクスワーゲンによる排ガスの不正測定や2016年に報道された三菱自動車の燃費不正など企業の社会的責任をおざなりにした対応も散見される。この二つの事例では，環境に配慮した車であると公表していながら，実際には意図的に不正な方法で排ガスや燃費データを測定していたり，改ざんしたりしていた。地球環境というステークホルダーを裏切る行為をしたことになる。

企業の中での技術者

企業に勤める技術者は，一部の例外を除いて，社会に顔が出ることはない。

前述した事例においても，企業の代表である経営者が報道陣に対して説明している。基本的に技術者は公にされることはなく，商品やサービスを通じてのみ社会と関係することになる。技術者は技術に精通しており，商品やサービスに関する専門家である。一方，顧客は技術に関して良し悪しを判断できない公衆であり，その商品やサービス，そしてそれらを提供する企業を信頼して利用することになる。商品に欠陥があれば，顧客の安全が損なわれる可能性がある。技術者は顧客から顔は見えずとも商品やサービスを通じて大きな責任を伴っている。

企業に所属する個々の技術者は日常的に商品やサービスに対する社会的責任を意識して業務にあたらなければならない。成熟した要素技術であれば，欠陥は出尽くして安心して利用できる技術に育っているだろう。しかし，日々新しい商品やサービスを顧客に提供するためには，新しい要素技術の開発も必要となる。新しい要素技術に欠陥が残ったまま商品やサービスを通じて顧客にわたってしまえば，顧客の安全を脅かすような重大な事故につながる可能性もある。非常に難しい重要な判断である。もちろん，新しい要素技術を商品やサービスに組込む際に技術者は，入念にその安全性を検討しなければならない。しかし時には，後から想定を超え顧客の安全を脅かすような重大な事故が発生するかもしれない。そのような場合であっても技術者は難しい判断や想定外の事故に対応できる能力を身につけておかなければならない。社会的責任を果たすために技術者としての高い専門知識と高い倫理観が必要となる。技術者である限り向上心を持って専門知識と倫理観を日々磨かなければならない。

技術者を目指す学生に向けて

ここでは，企業の技術者はどのような仕事をしているのかを簡単に説明し，技術者を目指す学生に向けて，技術者倫理の観点から今だからこそやっておいて欲しいことを伝えたい。

企業の中で技術者がどのような業務をしているのか，就業経験のない学生には，なかなか理解できないと思う。技術者が活躍する場はたくさんある。開発，設計，生産技術，営業技術…。大手メーカーの少し古い資料では，国内社員の1/3が開発，設計，生産技術，営業技術，1/3が生産，製造，1/3が営業，総務などのスタッフ業務となっている。技術者は企業においてキーとなる人材である。

開発や設計を例にその職務上必要となることを典型的な開発プロセスで説明したい。

まず，マーケティングにて商品企画や対象とする顧客を決定する。この段階で商品の大きさや性能，価格，納期などの目標が設定される。続いて商品に必要な要素技術に分解し，自社で所有している要素技術であれば設計へ，所有していなければ技術調査へと進む。技術調査の結果，他社にある要素技術であれば，知財契約を結んで導入することも検討する。まだ世の中にない要素技術であれば自社で研究の段階からスタートすることもある。

開発・設計の段階では，商品の目標を達成すべく数値として性能や図面などの仕様に落とし込んでいく。性能をもう少し具体的な例で示そう。性能を決める要件は，重量，寸法，強度，使用環境，耐久性などたくさんある。これらの条件をすべて満足する具体的な数値を決定し，図面に落とし込む作業が開発・設計である。しかし，条件を満足する解が一つとは限らない場合や条件を同時に満足できないトレードオフが存在する場合もある。いくつもある解の中からその時点で最善と思われる解を技術者の持つ科学的知見や経験，自社の組織としての経験知を参考に決定する。すべての条件を満たす解を得られない場合には，例えば，寸法や重量の目標を達成するために，より強度の高い材料に変更する必要が生じるかもしない。より強度の高い材料はコストが高く，場合によってはコスト目標の達成をあきらめる決断が必要となる。これは大きな決断で，技術者個人の裁量を超え，上司や大きな権限を持つ上層部の判断を仰ぐ必要があるかもしれない。上司の判断を仰ぐ際には科学的知見や経験をロジカルに説明できなければならない。このように技術者は開発・設計において毎日難しい決断を求められている。この難しい決断が技術者のだいご味であり，腕の見せどころ，やりがいである。この決断する作業の根底には専門知識が最重要である。加えてロジカルに思考する技術，上司に説明する技術，チームとして業務するためのコミュニケーションの技術など，技術者はリテラシーとして様々な知識や経験が必要となる。

決断に際して，技術者倫理を忘れてはならない。技術者は常に顧客の安全を意識した行動をとらなければならない。顧客の安全を損なうような解にしてはならない。開発・設計の段階で良かれと決断したことが，後から顧客の安全を損なう恐れがあると気が付いたら，即座に顧客の安全を確保する行動をとらなければならない。先に例示した大型トレーラーのタイヤ脱落事故やエアバッグ欠陥では，顧客の安全性を損なうことが社内では認識されていたにも関わらず長い間，社内で隠蔽されていた。そのために顧客の生命を奪うという犠牲を強いてしまった。

技術者になる前も技術者になってからも，前述した多くの「学び」が必要である。学生生活の数年間は「学び」に全力集中できる貴重な時期である。企業に入ってからは，日々の業務に追われ，忙しさと決断という緊張の連続で，「学び」という自己研鑽に多くの時間を割くことができなくなる。繰り返しになるけれども，技術に関する専門知識をしっかりと学んで欲しい，その上で，ロジカルに思考する技術，上司に説明する技術，コミュニケーションの技術，その他多くの幅広い知識を学んで欲しい。技術者倫理は技術者のリテラシーであり，広く，多くの知識を土台としているからである。

考えてみよう

（1） 顧客は企業の技術者に何を求めているのでしょう。
（2） 持続的な社会の発展にために技術者がなすべきことは何でしょう。

本事例の記述は，倫理教育の立場から記述したものである。電気学会として本事例に対する見解を取りまとめたものではない。

基礎4：技術者倫理を検討する際に使える構図と使い方

ここでは技術者倫理を考えるときに使える構図を提案する。その前提としてまず用語自体を考える。

技術者倫理に関連しそうな言葉を思い浮かべてみよう。技術倫理，工学倫理，工学者倫理，科学倫理，科学者倫理，研究倫理，研究者倫理などが思い浮かぶ。また，倫理，道徳，義務，責任，責務，モラル，モラール，しつけなどもある。企業社会に目を向ければ，会社倫理，企業倫理，ビジネス倫理，経営倫理，経営者倫理などがある。広く応用倫理ととらえれば，環境倫理，生命倫理，医療倫理，報道倫理，政治倫理などもある。

ここではこれらの用語を他の用語と区別できるように定義することはしない。用語はそれを使用する人と密接不可分で，一人ひとりの人はそれぞれ異なる人生を歩んできており，それゆえに用語の理解も微妙に異なるからである。しかし議論のための整理は必要である。

ChatGPT[†1] に次のように問いかけてみた。

「技術倫理と技術者倫理とは，どこがどのように異なるのですか。」

その返事は次のようであった。

> 『技術倫理』と『技術者倫理』の違いは微妙ですが，一般的には以下のような違いが指摘されています。
> 『技術倫理』とは，技術が社会に及ぼす影響や，技術の開発や利用に際しての倫理的な問題を扱う倫理学の分野です。具体的には，科学技術が人々の生活や環境に与える影響や，技術の開発や利用によって生じる倫理的な問題，技術開発における責任の所在や技術の公正な評価などが含まれます。
> 一方，『技術者倫理』とは，技術者個人が持つべき倫理的な資質や，技術者としての行動規範を扱う倫理学の分野です。具体的には，技術者が自分の持つ技術や知識を社会に貢献するために，公正かつ誠実に行動することが求められる，技術者が持つべき職業倫理や責任，技術者間のコ

†1　Chat（チャット）GPT は，米マイクロソフトと提携するオープン AI が 2022 年に提供を始めた。文章や画像を自動で作る生成人工知能（AI）で，対話型で使える。マイクロソフトは別途 Bing（ビング）を，Google は Bard（バード）を提供している。いずれも背景には大規模原語モデルと深層学習の技術がある。

ミュニケーションや協働の重要性などが含まれます。
つまり，技術倫理は技術が社会に及ぼす影響や倫理的な問題を，技術者倫理は技術者が持つべき倫理的な資質や行動規範を扱うという違いがあります。しかし，技術と技術者の関係は密接であるため，両者の分野には相互に影響し合う部分が多くあります。(2023/03/23 確認)

納得できる説明ではないだろうか。特に最後の一文は納得できよう。最後の一文を発展させれば，技術者（an engineer）とは技術する（to engineer）という行為を専門的になす人たちであること，技術するという行為の結果として生まれるのが技術（technology）であり人工物（artifact）となる。社会には技術（technology）をビジネスにする人もいれば，利用する人もいる，技術するという行為や技術した結果に関わる社会制度に責任をもつ人もいる。このように理解してよいのではないか。

具体例を考える。スマホ（スマートフォン），ケータイ（携帯電話），タブレットなどのモバイル機器は多くの人が使っている技術（technology）であり，日常生活の利便性を高めてくれる社会インフラの一つである。音声にせよデータにせよ，外部とのやり取りは無線の電波で行うので，電波を授受する基地局が近くにある限り，いつでもどこでも通話やチャット，インターネット参照などが可能である。

この電波（電磁波）の人体への影響が強く懸念された時代があった。例えば心臓にペースメーカーを取り付けている人のごく近傍でモバイル機器を使うと，ペースメーカーに不調が生じかねないという懸念である。事件は2015 年 6 月 9 日の午後に起きた。京浜東北線の大宮行きの電車が横浜市の生麦付近を走行中，車内で男性が優先席でタブレット端末を使っていたところ，そばにいた別の男性が「優先席でタブレット使ってんじゃねえよ」と激高し，カバンから包丁を取り出して優先席の男に迫った。包丁男は乗り合わせていた非番の警察官が取り押さえたが，電車の運行を一時停止して乗客を線路上に避難させたため，京浜東北線だけでなく並行して走る東海道線の電車がみな止まり，多くの人が影響を受けた。

当時は，微弱な電波関連の技術や医学的知見の進歩を受けて，ケータイなどの使用に関する総務省の規制が緩和されつつあり，関西地区の電鉄会社は既に優先座席付近での携帯電話使用マナーを『「混雑時には電源をお切りください」に変更します。』と告知していたが，首都圏では『「優先席」ステッカーの貼られている座席付近では，携帯電話の電源をお切りください。』との要請を続けていた。関西地区であれば起きなかったであろう事件が首都圏では起きてしまったといえよう。なお，総務省は2018年7月に「各種電波利用機器の電波が植込み型医療機器等へ及ぼす影響を防止するための指針」(1) を発出している。

このような事例をどのように考察したらよいだろうか。ケータイ等の技術を作ったり，使ったりする人は広範囲に及ぶ。これをまず行為する人（横軸）と，技術の影響が及ぶ範囲（縦軸）に分けて考えてみよう。技術にかかわる行為主体を，エンジニアリングする専門家と，規制・報道・ビジネス等で技術に関わる専門家，そして一般人に区分する。また技術（テクノロジー）の影響が及ぶ範囲を個人，企業・学術団体等の組織，社会全体に区分する。それぞれを横軸と縦軸にすれば，**図1**のマトリックスを得る。

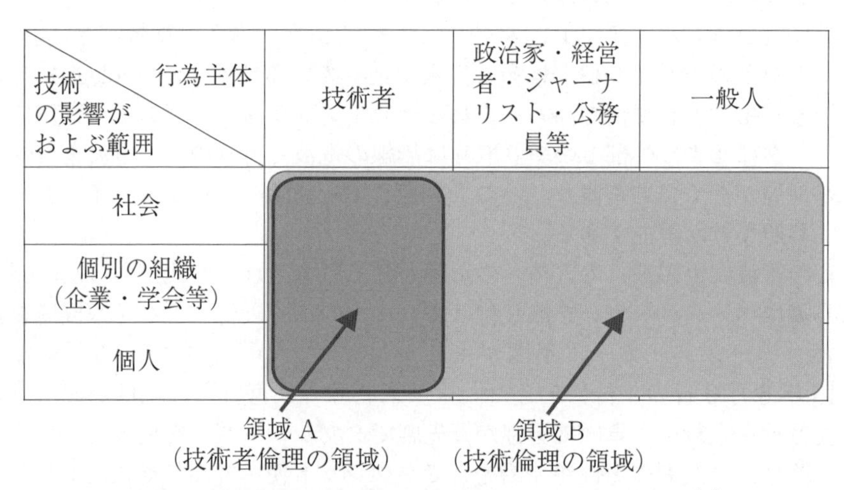

図1　技術者倫理と技術倫理を考えるための構図(2)

領域Ａが一般的に技術者倫理（engineering ethics）を語る上で関係する範囲，領域Ｂが技術倫理（technology and ethics）を語る上で関係する範囲とすると，網羅的に分析しやすくなり便利である。「技術者」を「科学者」と置き換えれば領域Ａは科学者倫理になる。その場合，もし科学者と技術者を峻別するのであれば，技術者は中央の政治家等の欄に位置づけることになる。科学者も時に技術するし，技術者も時に科学することを考えれば，技術者・科学者を同じ欄に入れればよい。いずれにしても科学と技術もしくは科学技術を考える場合には，領域Ｂは科学・技術と社会もしくは科学技術と社会（STS：Science Technology and Society）になる。

この構図を使えば，上述の京浜東北線のタブレットを使用した男性，包丁男性の事例は**図２**のように分析できよう。いくつかの関係者や組織等を図示した。図示をしていない「他の乗客」「乗務員」「科学技術報道に携わるジャーナリズム」「（個人としての）ジャーナリスト」についても，それぞれの立場でこの事例を考えることができる。

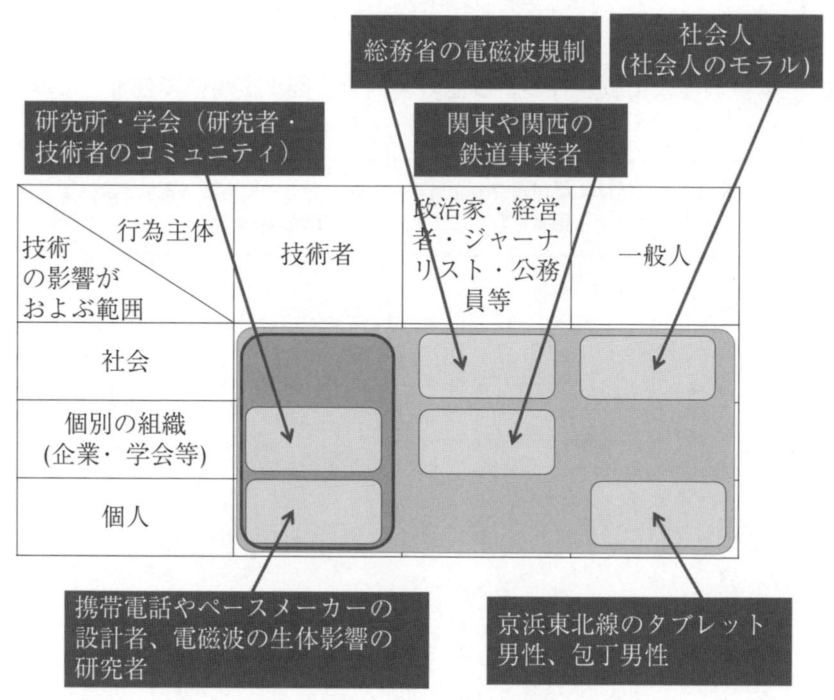

図２　構図を使って包丁男性事例を考える

※引用・参考文献（2をもとに著者が作成）

あらゆる技術は本質的に危険を内在している。技術が高度化すればするほど，その便益も増すが，危険の影響度は拡大する。その危険は原子力技術のように物質的（放射性物質）である場合もあるしスマホのように非物質的

(脳機能の阻害，特に若年層の発達障害）である場合もある。本質的に危険な技術の危険性を極小化し，技術安全で便利なものもとして使用できる工夫を日夜行っている高度専門職業人たち，それが技術者である。

考えてみよう

（1） ChatGPTのような生成AIを例にして，どのような人（行為主体）がいるか，また生成AI技術の影響が及ぶ範囲がどうなるかを考えてみよう。
（2） 図1に関連して，技術者を科学者と置き換えれば領域Aは科学者倫理になると述べた。技術者と科学者の違い，あるいは技術と科学の違いについて考えてみよう。
（3） 本事例集に掲載されている他の事例を，図1を用いて分析してみよう。

本事例の記述は，倫理教育の立場から記述したものである。電気学会として本事例に対する見解を取りまとめたものではない。

第Ⅱ部　事例に学ぶ

第1章　事故・災害などの事例を考える

事例1：チャレンジャー号事故再考

(1) はじめに

スペースシャトル・チャレンジャー号の事故は，技術者倫理教育の古典とも呼べる，よく知られた事例である。一般に教育場面ではこの事故事例を独立して取り上げるが，前後関係を理解しないと適切な学習効果が得られない。その観点でこの事故を再考する。

スペースシャトル計画はNASA（National Aeronautics and Space Administration：米国航空宇宙局）が1981年に1回目の軌道飛行試験を行い，2011年に135回のフライトで終了した宇宙開発プログラムである。宇宙開発には，宇宙や地球誕生のなぞを探る科学の探査や技術の平和利用から軍事利用までさまざまな目的があり，世界の先進諸国が先を競って取り組んでいる。日本も同様であり，通信衛星，気象衛星，資源探査衛星などを打ち上げ，保有するばかりでなく，米国主導で進められている月探査計画に参加しての日本人初の月面着陸も目指している。民間企業による宇宙開発への取り組みも活発化している。

(2) チャレンジャー号事故

① スペースシャトル計画

スペースシャトル計画は宇宙船の地球帰還時の基地への自力着陸，固体燃料補助ロケットの再使用など，地球と宇宙を往復して繰り返し運行するシャトルを低コストで実現する野心的な計画であった。シャトルの外観を**図1**に示す(1)。

シャトルの寸法諸元は次のとおりである(2)。宇宙飛行士が搭乗する部分は軌道周回機（orbiter）と呼ばれる。全長37.24m，全高17.25m，垂直安定板（尾翼）高さ8.01m，翼幅23.79m，機体だけの総重量（概数）74,844kg。軌道周回機には3つの高性能ロケットエンジンが搭載され，推進薬は燃料（液体水素）と酸化剤（液体酸素）で，外部タンク（ET：External Tank）で運ぶ。通常のロケットではエンジンと推進薬は同一の骨組みの中に収められるが，シャトルでは別置された。ET は全長 47.0m，直径 8.4m，全質量は空で 35,425kg，推進薬を詰めて 756,411kg。外部タンク表面は多層断熱被覆となっている。周回機のエンジンだけでは打ち上げに必要な推力が得られないので，本体両側に固体燃料補助ロケット（SRB：Solid Rocket Booster）を装備する。SRB1 基の全長は 45.46m，直径 3.70m。質量は燃料なしで 87,550kg，ありで 598,670kg。打ち上げ時には 2,000 トンの物体が飛翔する。

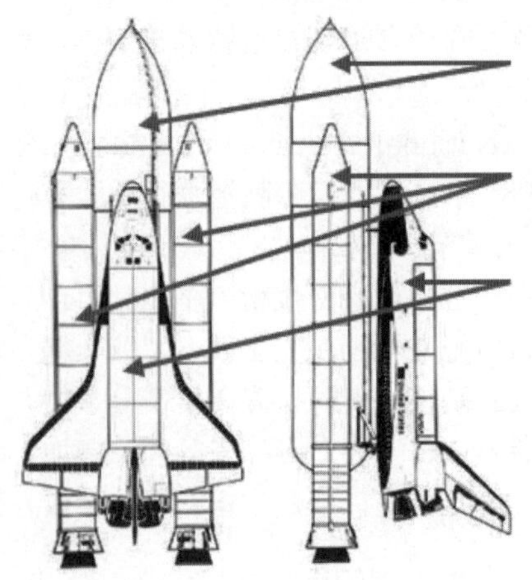

図1　スペースシャトル

② 打ち上げ失敗

チャレンジャー号は，1986 年 1 月 28 日午前 11 時 38 分，米国フロリダ州ケープカナベラルのケネディ宇宙センターから打ち上げられた。25 回目の「51-L」と呼ばれる飛行で，記録的な低温下での打ち上げだった。約 72 秒後に爆発して墜落し，搭乗員 7 人は全員死亡した。固体燃料補助ロケット（SRB）の接合部（O リング部）から燃料漏れがあり，それが発火し全体が爆発した。

爆発後に二基の SRB が分離して独自に飛行を続けたが，NASA は地上指令で自爆させた。一基が人口居住地区に向かう兆候があったためにとられた措置だった。死去した7人の中には，初の民間人宇宙飛行士クリスタ・マコーリフ，日系ハワイ人のエリソン・オニヅカ空軍中佐がいた。

チャレンジャー号事故調査大統領委員会（通称，ロジャーズ委員会）が目的を次の二点として設置され，4ケ月後の1986年6月6日に報告書が提出された。

・事故を取り巻く状況を見直し，事故の推定原因または原因を確定すること
・委員会の調査による判明事項と決定事項に基づき，是正処置その他の行動の勧告を出すこと

Oリングは SRB 接合部をシールするための直径約 6.3m，太さ約 6.3mm のゴムのリングであり，二重構造にしてある。打ち上げ後に回収されて再利用される SRB には，工場で接合されるファクトリー・ジョイントと射場（ケネディ宇宙センター）で接合されるフィールド・ジョイントがあるが，燃料漏れを起こしたのはフィールド・ジョイントである（**図2**参照）[3]。

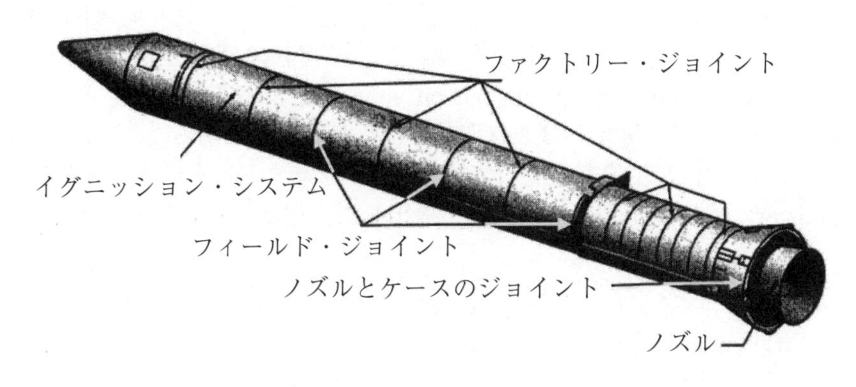

図2　固体燃料補助ロケットの接合部（ジョイント）

チャレンジャー号事故の3年以上前の1982年12月以来，Oリングは，SRB の設計では「信頼性の重要度1」の品目に指定されていた。「重要度1」とは，もしその部分が破損，故障したら－バックアップなしなので－人命または機体が失われ得る，といった故障点（failure point）になる場所を示す用語である。

STS51-B（1985年4月打ち上げ）では，回収後の検査で2次Oリングが

侵食されているのが見つかった。このため，1985年7月には打ち上げ制約条件が，飛行51-Fとそれ以降の打ち上げに課せられた。これら打ち上げ制約条件は，マーシャル宇宙飛行センターの固体燃料補助ロケットプロジェクト課長，ローレンス・B・マロイによって課せられたが，打ち上げのつど条件の適用を免除する処置がとられた[†1]。

先行する打ち上げでのOリングの侵食と，侵食は外気温が低い時に起きやすいことはNASAおよびメーカー（Morton Thiokol社，SRBを受注していた会社；以下「MT社」）の一部の関係者で共有されていたが，対策は取られなかった。

打ち上げ前夜，記録的な低温の天気予報が出される中，MT社はNASAと電話会議を行って打ち上げ延期を提言し，「Oリングの温度は53°F（11.7℃）以上でなければならない」との条件を提示した。しかしこの条件は初めて提示されたものだったのでNASAは根拠を求めたが，MT社はそれを示せなかった。MT社は電話会議の中断を要請し，トップ4人による会議[†2]で，社内で割れていた意見の統一を図った。その時にこの契約の最高責任者であるジェラルド・メイソンが技術担当重役のロバート・ルンドに対して発言したのが「技術者の帽子を脱いで，経営者の帽子をかぶりたまえ（Take off your engineering hat, put on your management hat.）」という，技術者倫理の教科書等でしばしば取り上げられる言葉である[†3]。電話会議を再開したMT社はNASAに対して打ち上げを了承する旨を伝え，責任者（J. Kilminster）の署名が入った同意書を提出した。電話会議は都合6時間に及

---

†1　打ち上げ制約条件（launch constraint）と制約条件の適用を免除する処置（waiver）。問題が見つかったので，それを解決することを条件として打ち上げる，という措置を取りつつ，規定された要求条件に合致しないことが起こった場合，そのままでもやっていい，またはその品物を使ってもいい，ということを一定の手続きを経て判断し，許可すること。参考文献（2）のP.122のロジャーズ報告書の記述と西村による訳注を参照。

†2　会議出席者はジェラルド・E・メイソン（上席副社長），C・G・ウィギンズ（宇宙事業部統括副社長），ロバート・ランド（技術担当副社長），J・キルミンスター（ロケット・ブースター事業部担当副社長）の4人。低温での打ち上げが心配だと頑強に主張した，アーノルド・R・トンプソン（ロケットモーターケース製作技術監督），ロジャー・ボイジョリー（応用機械課主任技師），ブライアン・ラッセル（Oリング特別プロジェクト課長），ロバート・エーベリング（固体燃料補助ロケット着火系および最終組み立て課長），ジェリー・バーンズ（応用機械化技師）は，この会議には参加を認められていない。

†3　この言葉はボイジョリーが公聴会で証言した。（ロジャーズ報告書（pp.92-3）西村（pp.138-9）参照。）

んだ。

なお，ロジャーズ委員会で事故調査に多大の貢献をし，そして直後にがんで亡くなったＲ・Ｐ・ファインマン博士（ノーベル物理学賞を朝永振一郎とともに受賞した科学者）は，公聴会での帽子発言の少し後で，ボイジョリーと次のようにやり取りしている。

ファインマン委員：あなたは，シールが破損することを証明しようとしていた，と理解していいですね？

ボイジョリー氏：はい。

ファインマン委員：そして，もちろんあなたは証明しなかったし，できなかった。なぜなら，打ち上げのうち5回は損傷していなかったから。もし，あなたがシールは全部損傷するのだと言おうとしていたとすれば，自分の間違いに気づくはずですね，5回は損傷しなかったのですから。

ボイジョリー氏：その通りです。私が非常に心配したことは，低温でＯリングが働くタイミングが変わって，われわれはこれまでとは別の状況にいるのではないか，ということでした。その夜，私が反対論で奮闘した理由のすべては，それでした。

ファインマンは公聴会でメイソンに対して，（MT 社の）シール技術に優れた技術者を能力順に4人挙げるように質問している。メイソンは（技術面の責任者の）ルンドに答えるように要請し，ルンドは「ボイジョリーとアーニー・トンプソンの二人が，順序はつけられないが，No.1 と 2 だ」と証言している。ファインマンはその返答を受けて，ボイジョリーに（最終的に）打ち上げに同意したのか，その時トンプソンはどうだったのかを質問し，二人とも同意しなかったとの証言を引き出している。ファインマンは，シール技術力でトップの二人が同意していない状態で MT 社の経営陣が同意した事実をここで明らかにしている。

③ 追悼

時の米国大統領ロナルド・レーガンは，当日（1 月 28 日）予定していた年頭教書の発表を延期し，午後5時からテレビ出演して搭乗員を追悼するとともに「宇宙計画は続けるし，民間人の宇宙飛行，先生の宇宙飛行も続ける」と断言した。レーガンは 1 月 31 日にヒューストンのジョンソン宇宙センターで開かれた追悼式にナンシー夫人とともに出席し，ハイライトとなる演説をおこない，その中で「すべての遺族が宇宙計画続行を希望した。私は彼らを失望させない」と述べた。

チャレンジャー号の事故を現場のケネディ宇宙センターで目撃取材し（日本の新聞社で現場に立ち会ったただ一人の記者），ヒューストンの追悼式も取材した黒岩徹記者（毎日新聞）は，列席者にはレーガン演説に同意する雰囲気が強くあったと語っている。大統領報告書の巻頭にはこのときの演説の一節が次のように引用されている。

「未来は無償で得られるものではない。すべての人類の進歩の物語は，困難に立ち向かう戦いの物語である。このアメリカ，エイブラハム・リンカーンが地球上で人類最後の，最良の希望と呼んだこのアメリカは，ヒロイズムと気高い犠牲の上に建設された。そのことを我々は再び学んだ。我々の７人のスター探検者と同じような男女たちによってこのアメリカは建設された。彼らは自らに課せられた義務を超える求めに応えた。期待や要求を上回るものを我々に与えてくれた。彼らはその見返りを求めなかった。」

米国の作家ジェームズ・ミッチェナー（南太平洋物語やハワイなどの作家）はロスアンジェルスタイムスに事故当日に執筆した追悼エッセーを寄せた（週刊朝日が２月14日号で紹介）。ミッチェナーは懇意にしていた知人の女性宇宙飛行士ジュディス・ジズニックを失っていた。その中に次のような記述がある(4)。

「私はかねてから，民間人を登用すべきだと熱心に主張していたので，…私たちの時代において，宇宙は残された最大の冒険分野である。従って，これを軍事目的，ないしは準軍事目的に限ってしまうことは，はなはだ公正さを欠く。…今日の有人飛行は大惨事に終わった。しかしいつの日か，勝利を祝うこともあるに違いない。進歩とは，成功と失敗を繰り返しながら達成されるものである。…」

黒岩記者は同年５月にハワイでオニツカ宇宙飛行士の母ミツエ夫人を取材し，記事の最後に次のように記した(5)。「戦争で息子を失った日本の多くの母たちもそうだったのだろうか。念仏という助けを借りたとはいえ，奔流のようなショックに立ち向かい，他人に涙を見せまいと頑張った。」

④ 事故調査大統領委員会（ロジャーズ委員会）

事故直後，大統領の命により事故調査委員会が組織されることになり，元国務長官のウィリアム・Ｐ・ロジャーズが1986年２月６日に委員長に任命された。委員会は同年６月６日にレーガン大統領に報告書を提出した。通称

「ロジャーズ報告書」である。

報告書では第一に，SRB の結合部とシールは欠陥があると断定し，設計変更を求めた。それに続けて NASA に対する独立機関の監視，シャトルの管理組織の構造の見直し，宇宙飛行士を管理職につかせることの奨励，シャトルの安全性専門委員会の設置，信頼性の重要度の審査と危険解析の見直し，安全部門の設置，情報連絡の改善，打ち上げ飛行の中断と乗組員の脱出に関する改善，飛行回数の適切な設定，メンテナンスの保証措置の実現を求めた。また１年以内に NASA から大統領に対する改善報告を提出することを求めた。

ちなみに大型ロケットでのＯリングの使用は実績があったが，シャトルにおけるそれは，SRB の内圧が上がるとジョイント・ローテーションという現象によってシール効果が低減しリークが生じやすい設計になっており，その点についての認識が技術陣に不十分だったことが調査過程で判明している。

⑤ 西村報告

朝日新聞社調査研究室の西村幹夫はこの事故の重要性にかんがみて，ロジャーズ報告書と翌年の NASA 報告書の主要部を訳出した。専門性の高い内容に対して，三菱重工名古屋航空宇宙システム製作所技師長の冨田信之が監修し，正確な訳出と豊富な訳者注が入った『スペースシャトル「チャレンジャー」はなぜ爆発したかー米国の技術社会の退化ー』を発行した（参考文献(２))。西村は訳出したロジャーズ報告書の前段で次のように述べた。

「システムの違いや，国民性の違いがどうあれ，科学技術の原理法則に国境はない。その中身と成果は，国威とか国益とかの卑しい心を超えた，いわば地球と人類の公共財でもある。科学技術は，人間の都合にとって何らかのポジティブなところがあればやらせてもらえたのが 20 世紀だった。これからは多分そうはいかないだろう。ポジティブなところを知るのも科学技術だが，ネガティブなところを明らかにすることこそ科学技術である。ネガティブなところについて，知りうる限りの情報を公平に人々の前に，事前に出すこと。そして，何がなされているかを知る方法が必ずあること。そのルールが退化することなく蓄積されて行かない限り，科学技術は破局を伴う。…(中略)… 破局の科学はまだ始まったばかりである。」

(3) チャレンジャー号事故の前と後

冒頭にも述べたように，宇宙開発は日本を含む世界中で行われているが，チャレンジャー号事故との関係で，米国に注目してみよう。

① チャレンジャー号事故の前—アポロ計画の成功

米国が宇宙開発に本腰を入れたのは，いわゆる1957年のスプートニック・ショックからといってよかろう。人工衛星でソ連に後れを取り，有人軌道飛行でも後れ，冷戦のさなかにあった時の大統領J・F・ケネディは1961年に，10年以内に米国は人類の月面着陸を目指す旨の方針提示を行った。NASA（設立は1958年）はアポロ計画を開始し（1961～72年），1969年にはアポロ11号が初の月面着陸を含む月への有人飛行を達成した。スペースシャトル計画は1981年に予算規模をアポロ計画より大幅に縮小する形で開始され（2011年に終了），その後もNASAは活発な宇宙開発を続けている。現在はイーロン・マスクが代表者を務めるSpace-X等の民間の参入も活発になっている。

ここでアポロ計画の1号と13号に注目する。NASAは月への有人飛行を目指す中，1967年1月27日の地上試験で搭乗員3人が焼死する事故を起こした。問題点は飛行船内への純粋酸素充填，可燃性だったケーブル被覆，宇宙船の脱出ハッチが開けにくかったことなど，さまざまあったことが後日の調査で判明した。事故後，技術的な改善が図られた。事故機はアポロ1号と命名され，ワシントンD.C.のスミソニアン・宇宙航空博物館に情報展示されるなど，事故を忘れない努力がなされた。

月面着陸に成功したアポロ11号，12号に続いて3度目の月面着陸を目指したアポロ13号は，1970年4月13日往路で支援船の酸素タンクで小爆発が起こり外壁の一部が吹き飛ばされた（**図3**）。爆発の原因は工員の1本のねじの外し忘れに端緒があった。3人の乗組員は奇跡的に地球生還に成功した。1本のねじの外し忘れ，単純な作業ミスである。単純ではあるが3人の宇宙飛行士を死の危険にさらした重大なミスであった。

（a）月面着陸船（左側）と支援船（右側）(6)　（b）外壁の一部が吹き飛んだ支援船(7)

図 3　アポロ 13 号

エンジニアリングという言葉を，「制約条件下でのデザイン」と説明することがある。アポロ 13 号で発生したトラブルが生んだ様々な制約条件下で，乗組員の地球生還プランを議論してデザインし，意思決定し，成功させた実績には多くの学ぶ点がある(8)。

② チャレンジャー号事故の前―コストダウン圧力

ロジャーズ報告書の第 1 章の序では，強いコストダウン圧力の中で NASA がさまざまな工夫をしたことに言及している。圧力は 1970 年にニクソン大統領が，アポロ後について活動的な宇宙プログラムの継続を支持しながらも，アポロに類する金は出せないことに言及したのが，その始まりである。燃料タンクを使い捨て可能な外部タンク（ET）にすれば，性能を落とさずにより廉価な軌道周回機を作れる。従来の液体燃料ロケット方式より，回収可能な固体燃料補助ロケット（SBR）方式の方が開発コストを低減できる，等々。1972 年には最終的な機体の形態が選定された。それが本事例冒頭の**図 1** である。

シャトルの打ち上げは 1981 年 4 月にコロンビア号で始まり，5 回目までは同号が用いられた。6 回目にチャレンジャー号が新たに登場するが，ペイロード（運べる乗員や荷物）を増すため，ET の 4.5 トン，SBR の 1.8 トンずつの軽量化が図られ，主エンジンの推力が 4% 増された。当時の NASA

担当官は，無事に打ち上げられるかどうか心配していた[9]。

③ チャレンジャー号事故の後－事故の再発，打ち上げの継続

数々の対策を実施したNASAはシャトル打ち上げを再開し，1988年9月28日にディスカバリー号による第26回目の打ち上げを成功させた。1992年にはエンデバー号に日本人初として毛利衛宇宙飛行士が搭乗した。1994年には向井千秋宇宙飛行士がアジア人初の女性としてコロンビア号に搭乗した。外部タンク（ET）表面の断熱材はく離と軌道周回機への衝突が度重なったが，飛行は成功を続けた。

しかし，2003年2月1日，地球帰還を目指したコロンビア号では，打ち上げ時にはく離した断熱材の破片が軌道周回機に衝突したときの傷が致命傷になった。打ち上げ時に衝突箇所の写真は撮影されており，NASAには「はく片調査チーム」ができ議論が進められた。本来の設計仕様では断熱材がはく離してはいけないことになっていた。しかし，断熱材衝突はそれまでの飛行でもたびたび起きていたが飛行自体は成功を続けていたので，安全を脅かすものでもないし，許容できる範囲のものであるとみなすようになっていた。大気圏再突入前に受けた傷の映像を追加撮影し調査するアイデアなどが出されたが，実際の対策は取られることなくコロンビア号は大気圏に突入し，空中分解した。コロンビア号事故調査委員会は声明の中で次のように述べた[10]。

「本事故調査委員会は，NASAにおける技術的問題だけではなく，組織的あるいは文化的勧告が実施されない限り，事故再発の可能性を低下させることはできないと判断した。」

NASAは対策を施し，シャトルを再開した。再開後，初のフライトとなった2005年ディスカバリー号には野口聡一宇宙飛行士が搭乗した。スペースシャトル計画は2011年まで続けられた。その後も宇宙開発は続けられている。

（4）終わりに

一つの事件，例えばチャレンジャー号事故，を深く学び，そこから教訓をくみ取ることは大切な学習方法であろう。しかし現実の社会生活，会社生活では，技術者は遭遇した事件に対して過去の経緯と将来の可能性を踏まえて考え，意思決定し，行動することを求められる。その観点で，チャレンジャ

ー号事故だけでなく，その前後を考察してみた。

もう一つ重要なことがある。水平思考[†1]である。チャレンジャー号事故があった1986年はどのような年であったろうか。4月26日に旧ソ連ウクライナ共和国のチェルノブイリ原発で臨界事故が起きた年である。世界の原子力関係者が，組織の安全文化（Safety culture）なくして原子力技術の安全利用はできないと考え，行動を始めるきっかけになった年である。NASAが組織文化の変革に本格的に取り組むにはコロンビア号事故を待たねばならなかった。

今も組織の文化的風土を問われる不祥事は多発し続けている。組織の一人ひとりが良い組織文化を確立するために何ができるのかを考え，行動することが必要である。

考えてみよう

（1） Oリングはロケット接合部には使うべきではない技術だったのだろうか。あなたの考えを述べ，その理由を説明してみよう。

（2） チャレンジャー号の事故に学んだNASAはいろいろな改善を行った後，スペースシャトル計画を再開したが，2003年には地球帰還途上のコロンビア号で事故が起き，宇宙飛行士全員が死亡している。この二つの事故の関連についてあなたが重視することを述べ，その理由を説明してみよう。

（3） 宇宙開発への考え方は国により，また個人により異なる。あなたの考え方をまとめ，関心をもつ周囲の人と意見交換をしてみよう。その際に，周囲の人の意見を十分注意深く聴くようにしよう。

（4） 西村が述べる「破局の科学はまだ始まったばかりである。」を，宇宙開発以外の事例を取り上げて考えてみよう。

本事例の記述は，倫理教育の立場から記述したものである。電気学会として本事例に対する見解を取りまとめたものではない。

---

†1 ある問題の解決に当たって，問題設定の枠に従って考えること（垂直思考）を離れて，自由に，異なったいろいろな角度から考えをめぐらし，手掛かりを得ようとすること（広辞苑第7版）

事例２：ジョンソン・エンド・ジョンソンの事例について

は じ め に

1980年代に，ジョンソン・エンド・ジョンソン（Johnson & Johnson，以下Ｊ＆Ｊ社と記述）が販売する解熱鎮痛剤タイレノール（Tylenol®）にシアン化合物が混入し７名が死亡する，という事件（以下「タイレノール事件」と記述）が発生した。経緯を**表１**の略年表に示す。この事例については，書籍，新聞，雑誌，ウェブサイトなどに多数の記事が掲載されているので，詳細についてはこれらの媒体も参照されたい。これらの多くにおいては，Ｊ＆Ｊ社の対応を「危機管理のモデルケース」と位置づけており，たとえマーケットシェアを一時的に失うことはあっても，適切な危機管理によりそれはやがて回復し，これまで以上に顧客からの信頼を得ることができる，という結論を導き出している。また，この過程において箱，カプセルの構造を見直し，

表１　「タイレノール事件」略年表

事象発生年月		事象
1982年	9月	シカゴでタイレノールを服用した女児が死亡。シアン化合物が混入していたことが原因と判明。最終的に７名が死亡
		犯人とみられる人物から身代金100万ドル要求も応じず
		タイレノール®を全国の薬局，家庭から即回収することを決定
		消費者，医師，その他関係者に100万回に渡るプレゼンテーション実施
	11月	タイレノールのパッケージを三層密閉構造に変更し再発売
	12月	売上が事件前の80％まで回復
1986年		「第２回タイレノール事件」発生
		タイレノールのカプセルを外部から注入できない形のジェルキャップに変更

異物が混入する可能性を極限まで下げた，という技術面での対応についても多く報道されている。

本事例記事ではそれを踏襲しつつ，別の視点も交えて以下のような考察を試みる。

（ア）Ｊ＆Ｊ社が迅速に信頼回復できた要素は何か
（イ）類似事例に見る，倫理的行動徹底の難しさ
（ウ）事例から考察する，技術者が倫理観を育むために必要な環境

Ｊ＆Ｊ社が迅速に信頼回復できた要素は何か

多くの企業，官公庁，その他団体においては，信条，価値観，ビジョンとミッション，等々の形で，その継続的存在や活動における最も重要な意義を短い条項にまとめ，社内やステークホルダーへの徹底を試みている。近年，高邁な理念，ビジョン，ミッションを掲げている企業ですら，しばしば不正，不祥事等を発生させている。なぜこのようなことが起こるのだろうか。以下が理由として考えられる。

（ア）文言が抽象的で行動を促さない。
（イ）時代の変遷とともに文言が陳腐化してしまっている。
（ウ）文言が従業員からの深い同意を得ていない。
（エ）充分に社内やステークホルダーに浸透する，具体的な取組みができていない。

ここでＪ＆Ｊ社の「Our Credo（我が信条【クレド】）」[(1)] に触れたい（**表2**）。これについては同社ウェブサイトで次のように述べている[(2)]。「『我が信条（Our Credo）』は1943年，ジョンソン・エンド・ジョンソンの三代目社長ロバート・ウッド・ジョンソンJrにより，会社の果たすべき社会的責任について起草されたものです。以来，長きにわたりジョンソン・エンド・ジョンソンの企業理念・倫理規定として，世界に広がるグループ各社・社員一人ひとりに確実に受け継がれており，各国のファミリー企業において事業運営の中核となっています。」既に80年に渡って存在し，現在においても先進的と見做されるような文言となっていることに驚かされる。特徴的な点は，優先順位付け，具体性，コミットメントの強さ，などであろう。

表2 「我が信条」[1]

我が信条

我々の第一の責任は，我々の製品およびサービスを使用してくれる患者，医師，看護師，そして母親，父親をはじめとする，すべての顧客に対するものであると確信する。顧客一人ひとりのニーズに応えるにあたり，我々の行なうすべての活動は質的に高い水準のものでなければならない。
我々は価値を提供し，製品原価を引き下げ，適正な価格を維持するよう常に努力をしなければならない。顧客からの注文には，迅速，かつ正確に応えなければならない。我々のビジネスパートナーには，適正な利益をあげる機会を提供しなければならない。

我々の第二の責任は，世界中で共に働く全社員に対するものである。
社員一人ひとりが個人として尊重され，受け入れられる職場環境を提供しなければならない。社員の多様性と尊厳が尊重され，その価値が認められなければならない。社員は安心して仕事に従事できなければならず，仕事を通して目的意識と達成感を得られなければならない。待遇は公正かつ適切でなければならず，働く環境は清潔で，整理整頓され，かつ安全でなければならない。社員の健康と幸福を支援し，社員が家族に対する責任および個人としての責任を果たすことができるよう，配慮しなければならない。
社員の提案，苦情が自由にできる環境でなければならない。能力ある人々には，雇用，能力開発および昇進の機会が平等に与えられなければならない。
我々は卓越した能力を持つリーダーを任命しなければならない。
そして，その行動は公正，かつ道義にかなったものでなければならない。

我々の第三の責任は，我々が生活し，働いている地域社会，更には全世界の共同社会に対するものである。世界中のより多くの場所で，ヘルスケアを身近で充実したものにし，人々がより健康でいられるよう支援しなければならない。
我々は良き市民として，有益な社会事業および福祉に貢献し，健康の増進，教育の改善に寄与し，適切な租税を負担しなければならない。我々が使用する施設を常に良好な状態に保ち，環境と資源の保護に努めなければならない。

我々の第四の，そして最後の責任は，会社の株主に対するものである。
事業は健全な利益を生まなければならない。我々は新しい考えを試みなければならない。研究開発は継続され，革新的な企画は開発され，将来に向けた投資がなされ，失敗は償わなければならない。新しい設備を購入し，新しい施設を整備し，新しい製品を市場に導入しなければならない。逆境の時に備えて蓄積を行なわなければならない。これらすべての原則が実行されてはじめて，株主は正当な報酬を享受することができるものと確信する。

第一，第二，…という記載の順序が，必ずしも重要性のそれとは限らないが，実際にクレドを適用する場合には，この順序に従って意思決定がなされると想像する。この記載の順序は「顧客→社員→社会→株主」となっており，倫理判断を問われるような危機になったときに決断が下しやすい。また，「製品原価を引き下げ，適正な価格を維持する」「働く環境は清潔で，整理整頓され，かつ安全」など，具体的行動に繋げられるような内容となっている。各文は「ねばならない」で終わっており，強い決意を感じさせる。

Ｊ＆Ｊ社においては，この信条を徹底させるさまざまな社内での取組みをしている。New Jersey Bell Journal で Lawrence G. Foster は次のように書いている[(3)]。「ジョンソン氏は生前，信条（クレド）の意図が実行されるよう個人的に尽力した。1968 年の彼の死後，その哲学を経営上の意思決定の最前線に据え続ける方法が模索された。1972 年の春，当社はその年の株主向け年次報告書のテーマをこのクレドとし，経営理念に対する会社の認識と信念を強化するために経営陣を対象とした夕食会を開催することを決定した。フィリップ・Ｂ・ホフマン会長が主導するクレド会議には 4,000 人以上の従業員が出席した。（中略）1975 年，当時社長だったバーク氏は，世界中のＪ＆Ｊファミリー会社の経営トップ全員が参加するクレドチャレンジ会議を提案し，主導した。（中略）クレドの啓発とチャレンジ会議は新任管理職向けオリエンテーションの一部になった」。

ここで記述されている「（クレド）チャレンジ会議」においては，クレドの文面や内容はチャレンジ，即ち挑戦を受けることになる。クレドはＪ＆Ｊ社内において普遍的な価値を持ち，通常はこの挑戦を跳ね返して文面，内容を維持し続ける一方で，時を経るうちに陳腐化するという宿命に対して有効な手立てを打つことができるメカニズムを持っている。このような取組みを長年に渡って真摯に続けていることにより，Ｊ＆Ｊ社では経営判断や意思決定の際に，常にこのクレドに立ち返ることができるのである。このような不断の取組みがあって，初めてタイレノール事件のような重大局面で，迅速かつ適切な対応ができたのだろうと想像する。

また，日本クレド（株）の吉田誠一郎氏によると「クレドは『ステークホルダーと呼ばれる立場の方々にも長期的に浸透させ，一緒になって実践していき，一緒になって成長していくこと』をゴールにしています。ステークホルダーとは，ともに仕事をする社員をはじめ，お客様，取引先・協力会社，国や地域社会，株主，社員の家族など，会社の利益を共有する方々のことをいいます」(4)。タイレノール事件においては，従業員のOBや薬局の店員，報道で事件を知った一般消費者などが，タイレノールの回収と，それに伴う更なる被害拡大の防止に非常に大きな貢献をした。これもステークホルダーへのクレド浸透の成果であろう。

類似事例に見る，倫理的行動徹底の難しさ

タイレノール事件の後，ジョンソン・エンド・ジョンソンの業績回復は比較的早かった。同社の「タイレノールものがたり」には以下のような記述がある(2)。「一度は全米の店頭から消えてしまったタイレノールの復活をかけ，ジョンソン・エンド・ジョンソン社は，事件直後から約2か月間に渡り，可能な限りの対応策を行いました。その対応策は，消費者だけにとどまらず，営業部隊による医師へのプレゼンテーションを計100万回行うなど多方面に渡るものでした。その努力は，多くのお客様とタイレノールをより強固な信頼で結びつけました。結果として，1982年12月（事件後2か月）には，事件前の売上の80％まで回復をすることができたのです。」

一方，日本でもタイレノール事件と類似性のある事象はいくつか発生している。**表3**に挙げた食品，薬品に関連した事象例においては，業績や企業イメージの回復に時間を要している。これらの例につき，限られた情報からではあるが，筆者なりにタイレノール事件との比較を試みる。

（ア）報道のされ方による印象だけかもしれず事実は分からないが，J＆J社では経営陣に終始冷静さが感じられた一方，取り上げた例では経営陣がイメージ失墜への焦り，恐れなどに捉われ，冷静さを失っていたように思われる。

（イ）J＆J社ではタイレノールの迅速な回収など，決断，対応の速さが特徴的であったが，他の例では情報伝達の遅れや不正確さなどにより，素早い対応ができなかったようである。

（ウ）Ｊ＆Ｊ社はタイレノールの箱やカプセルに技術的な改善を施したが，他の例では具体的な再発防止策が明確でない印象である。

（エ）Ｊ＆Ｊ社で社内が一致団結し，そのうえで先手を打って対策を取り続ける姿勢が消費者の信頼回復には大きく影響したであろう。一方で，例えば森永の例では商品が子供を対象としていること，非常にポピュラーな食品であること，競合他社の代替品が存在することは企業イメージの回復にとって不利に働いた可能性がある。

これら（ア）～（エ）の差異を企業理念の浸透と実行だけで結論付けるのは早計であろうが，Ｊ＆Ｊ社のクレドが貢献した要素は確実に存在したと考える。危機に際して誰からも指示を得ることができない経営陣が，判断，行動の拠り所とするのは哲学的，思想的なものである。Ｊ＆Ｊ社のクレドはその条件を満たし，一貫して倫理的な判断をするための絶対的な指標となっていたであろう。また，上述のようにクレドは全てのステークホルダーを巻き込むという性質を持つ。大きな危機を脱するためには顧客や取引先の協力が欠かせない。Ｊ＆Ｊ社が信頼を早急に回復し売上へのダメージを最小限に止めることができたのは，長年に渡るクレドに基づく，ステークホルダーへの理念共有のベースがあってこそのことであろう。

表３　日本での食品・薬品関連事例

事例	発生時の経緯	その後の経緯
森永製菓 1984年 ～1985年	江崎グリコ社長誘拐事件を発端とし森永を含む企業を対象に犯行が拡大。森永には１億円要求の脅迫状が送られ，またスーパーなどに青酸を混入し「どくいり　きけん　たべたら　しぬで」と書いた紙片を貼付した森永製菓子がばらまかれた	要求された１億円の支払いを拒否。事件が長期化した影響から1984年度の売り上げを200億円以上減らした
雪印乳業 2000年	大阪工場製造の低脂肪乳などに食中毒事件が発生。大樹工場（北海道大樹町）で製造された脱脂粉乳が停電事故で汚染され，それを再溶解して製造した脱脂粉乳を大阪工場で原料として使用していたことが判明。その脱脂粉乳に黄色ブドウ球菌が産生する	その後，雪印牛肉偽装事件（雪印乳業本体ではなく，子会社）を発生させた。この事件によって信用失墜は決定的にな

	毒素（エンテロトキシン）が含まれていた。商品の回収や消費者への告知に時間を要したため，被害は13,420人に及んだ	り，グループの解体・再編を余儀なくされる結果となった
カネボウ 2013年 ～2014年	美白化粧品により一部のユーザーに肌トラブルを引き起こした。特に，肌の過敏性や炎症が報告され，一部製品には有害な成分が含まれていた可能性が指摘された。当初は原因が特定できないとして，経営陣に正確な情報が伝わらなかった。約半年後に自主回収開始も被害規模は微小と発表。その後問合せは10万件を超え，最終的に同社が白斑様症状を確認した人数は19,607名に上った	親組織の花王の株価は被害の拡大などについての報道が多くなると，最大24%大きく下落。またカネボウ化粧品の自主回収の影響で84億円の損失を計上し，通期の売上高は100億円規模の減少となった

事例から考察する，技術者が倫理観を育むために必要な環境

タイレノール事件は先に述べたように，企業の危機管理においてモデルケースと見做されている。目の前の事象に捉われすぎず，確固たるクレドに基づき倫理的な行動を貫くことが中・長期的な利益をもたらす，というシナリオである。これは個々の技術者が望ましい倫理観を育む上でも大いに参考となるのではないだろうか。目の前の利益に釣られたり，苦痛にさいなまれて非倫理的行動を取ってしまったりすることが，数々の企業不祥事などに繋がっている。技術者は良い事例，悪い事例に学び，自らの中・長期的利益を獲得すべく行動すべきである。

一方で，「倫理的行動が報われる」，「非倫理的行動には相応の報いがある」，という感覚を育んでいくのは個人の努力だけでは難しい面もある。J & J社ではクレドの浸透と実行への取組みを継続的に真摯に行っている。企業文化を浸透させていく活動は，経営層から一社員に至るまで，同じ優れた価値観に基づいて行動するよう促す上で必要不可欠である。その中で，従業員だけでなく，全てのステークホルダーを常に意識し感謝する習慣を身につけるべきであろう。

考えてみよう

（1） 自らの所属する企業，学校，団体のミッション，ビジョンを調べて，それが具体的などのような取組みと結びついているか例示してみよう。
（2） あなたが今，学業や業務で接しているステークホルダーを列挙し，それぞれに対してあなたが行うべき「倫理的行動」を述べてみよう。
（3）「類似事例に見る，倫理的行動徹底の難しさ」の章で，Ｊ＆Ｊ社と森永などの比較をしている（ア）～（エ）項におけるＪ＆Ｊ社の行動の拠り所となっている「我が信条（クレド）」の箇所を確認してみよう。

本事例の記述は，倫理教育の立場から記述したものである。電気学会として本事例に対する見解を取りまとめたものではない。

事例3：新幹線と地震対策 PART Ⅱ

東海道新幹線（開業当時は日本国有鉄道，現在は東海旅客鉄道株式会社以後 JR 東海と称す）は世界初の高速鉄道として，オリンピックが日本で初めて開催された 1964 年に開業した。その後，山陽新幹線（西日本旅客鉄道株式会社以後 JR 西），東北新幹線（東日本旅客鉄道株式会社以後 JR 東），上越新幹線（JR 東），北陸新幹線（JR 西），九州新幹線（九州旅客鉄道株式会社以後 JR 九州），北海道新幹線（北海道旅客鉄道株式会社以後 JR 北海道），西九州新幹線（JR 九州）が開業，2030 年末頃には札幌まで，その後も「全国新幹線鉄道整備法」に基づき展開されている。この他にミニ新幹線区間として山形新幹線（JR 東）が新庄へ，秋田新幹線（JR 東）が秋田へ延伸されている。全国に拡大された新幹線網はこれまでに幾度か大きな地震災害被害を被っているが，東海道新幹線開業から現在に至るまで，地震災害による死亡事故「ゼロ」を継続し「新幹線安全神話」とも呼ばれていたこともあった。この実績は関係者の努力なしに達成されたものではなく，この間いかなる努力が継続されたのかは多くの資料で公開されている。この半世紀以上にわたる技術者の安全に関わる努力と今後の課題について学ぶべきことは多い。「事例で学ぶ技術者倫理－技術者倫理事例集（第2集）」の「新幹線と地震対策」[(1)] では，兵庫県南部地震（1995/1/17）から東北地方太平洋沖地震（2011/3/11）に至るまでの鉄道技術者が行ってきた地震対策を主な対象としていた。その後も大きな震災が発生し新幹線も大きな被害を被っていることから本事例では福島県沖地震までの事例を追加し新たに「新幹線と地震対策 PART Ⅱ」として取りまとめた。「安全と技術と技術者」について，過去の地震の状況と対策を確認しながら考えてみよう。

①　兵庫県南部地震

発生日時	1995/1/17 5：46	地震規模	M7.3 最大震度 7
未明に「震度 7」の大地震が発生。西宮市内では山陽新幹線高架橋の橋桁部が落下，レールが宙に浮いた状態になった。新幹線にとっては幸運なことに，地震発生時刻が午前5時46分であったことから始発前（始発は午前6時）であり，脱線・転覆などの被災は免れ乗客が事故に遭うことはなかった。この地震では神戸市内で高速道路の高架部分が倒壊するなど交通網も大きな被害			

を受けた。
「震度 7」の指標は 1948 年福井地震の翌年に震度階級の最大値として追加されたランクである。
気象庁は「兵庫県南部地震」発生直後には震度6として発表したが，その後の被害実態調査の結果「震度 7」に訂正した。

図 1　西宮市内の被災状況(2)

主な対応　（全線復旧までの期間：81 日間　1995/4/8 復旧）
・耐震基準の強化（震災以降に新設される構造物を対象）(3) 中規模地震（震度 5 程度）　：構造物を損傷させない 大規模地震（震度 6 強～7 程度）　：早期に機能回復させるため，構造物の被害を軽微な損傷に留める。 ・既存の構造物の耐震補強(3)：阪神・淡路大震災以前に建設された東海道，山陽，東北，上越新幹線の高架橋の柱に鋼板を巻くなどの耐震補強を実施する。

② 新潟県中越地震（兵庫県南部地震から 9 年半）

発生日時	2004/10/23 17：56	地震規模	M6.8 最大震度 7

上越新幹線「とき 325 号」（200 系）は時速 204km（推定）程度で走行中に地震に遭遇，長岡市内の高架橋上で脱線した。この区間の高架橋は「兵庫県南部地震」の対策が部分的になされていたので崩壊は起きず，脱線した車両は大きく上り線路側に傾いたものの転覆することなく高架橋の上に留まった。
周辺の走行中であった新幹線は，緊急停止指令により安全に停止し衝突の事態は回避された。

図 2　高架上で脱線した新幹線(4)
白矢印は列車進行方向

主な対応　　（全線復旧までの期間：66日間　2004/12/28復旧）

営業中の新幹線が初めて脱線したことを踏まえて，国土交通省鉄道局は事故の2日後に新幹線脱線対策協議会を設置した。

鉄道事業者が主に実施した対策は[5]

・逸脱防止ガイドの設置：脱線しても車体が大きく逸脱しないように防止ガイドを設置する。脱線車両を調査したところレールが車輪と補機に挟まれた状態で走行し車体がレールから大きく逸脱することを防いでいたことが判明。このことが逸脱防止ガイド設置のきっかけとなった。

・レール締結装置の改良：車両が脱線しレール締結装置が破損しても車輪をレールで誘導できるようにレールの転倒を防ぎ，車両の大幅な逸脱を防止する。

・接着絶縁継目の改良：脱線した車輪による接着絶縁継目の破断を防止する。

・地震検知，警報装置に係る改良：2005年度中に警報発信時間の短縮を図るとともに，2006年度までに各種地震計56箇所を増設し，地震検知性能の向上を計る。

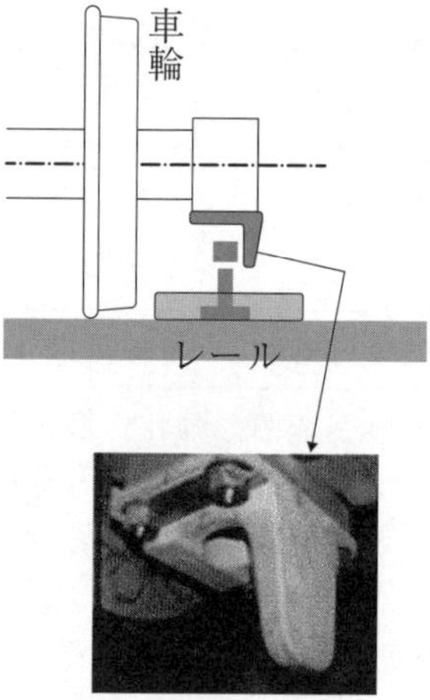

L型ガイド

図3　JR東の逸脱防止ガイド[6]

JR東では東北，上越新幹線の地震対策としてP波（Primaryの略：粗密波として伝わるため伝搬速度が早く，初期の縦揺れとして伝わる）の揺れを検出し停止指令を発出し送電停止させることで緊急停止させる「コンパクトユレダス」システムを1997年に導入していた。しかしながら新潟県中越地震は直下型地震であったことから震源が近く，地震波到達までの時間が短く減速時間が確保できなかった。脱線防止対策としては十分な役割を果たせなかったが，周辺の新幹線は同様に非常停止したことで二次災害防止に寄与した。

脱線事故を調査した失敗学の提唱者で，失敗学会の設立にも携わった畑村は次のように述べている[7]。

『JR東日本では，阪神・淡路大震災を教訓に，地震の起こりやすい地域の高架のうち，補修が必要と考えられる3,000本について，1997年までに補修を完了していました。また，2003 年 5 月の宮城県沖地震で，その補修からもれていた橋脚 30 本にひび割れなどが見つかったため，東北新幹線と上越新幹線の橋脚，計約 82,000 本のうち 5 分の 1 近くにあたる約 15,000 本の補修工事を行いました。（中略）補修工事が行われていたのは，事故が起きたまさにその分の 20 本で，その前後は補修されていなかった。でも，それはただの偶然ではありません。事前に地盤を調査して，最も地震の起こりやすい地点を優先的に補修したからこそ，崩壊せずにすんだのです。』

③ 東北地方太平洋沖地震（新潟県中越地震から 6 年半）

発生日時	2011/3/11 14：46	地震規模	M9.0 最大震度 7

総合車両センターから仙台駅構内に進入中の新幹線（E2 系）は時速約 72km で走行中，緊急停止指令により時速約 14km まで減速していたが地震により高架上で 4 両目が脱線した。新潟県中越地震以降に設けられた逸脱防止ガイドの効果などから大きなずれは免れたものと推測されている。地震発生時に宇都宮～盛岡間を営業運転中の東北新幹線は 10 編成。その内 5 編成は時速 270km 以上で走行していたが，いずれも安全に停止することができた。

図 4　脱線した 4 両目車両[8]

主な対応　（全線復旧までの期間：49 日間　2011/4/29 復旧）

・早期地震検知システムの改良：乗客を乗せ走行中であった新幹線は緊急停止指令により安全に停止させることができた。そのため JR 東ではシステムのさらなる信頼性向上をめざし翌年までに地震計を 30 箇所増設，さらに気象庁の緊急地震速報情報や防災科学技術研究所の S-net（日本海溝海底地震津波観測網）もシステムに組み込んだ。

・ロッキング脱線対策：高架橋，車両ともローリング方向（進行方向に対して横揺れ）の卓越周波数（共振周波数）は 1.5～1.7Hz 付近にあり，このため車体が大きくローリングし脱線に至ったものと推測されている。これらのことから走行安定性に関する問題について，車両，構造物の両面から研究を進める。
・その他：逸脱防止対策，施設の補強の前倒し実施など。

ロッキング脱線について

車両は軌道（レール）から受ける揺れで左右方向にローリングする。このとき固有振動数付近（1～2Hz）で繰り返し加振されると共振現象により数倍まで増幅され大きく揺れるようになる。高架橋の固有振動数も地震波の周波数に近く同様に増幅される。軌道面の揺れは地表面の数倍に増幅され，さらに車両はその数倍で揺れ車輪が浮き上がり脱線する。

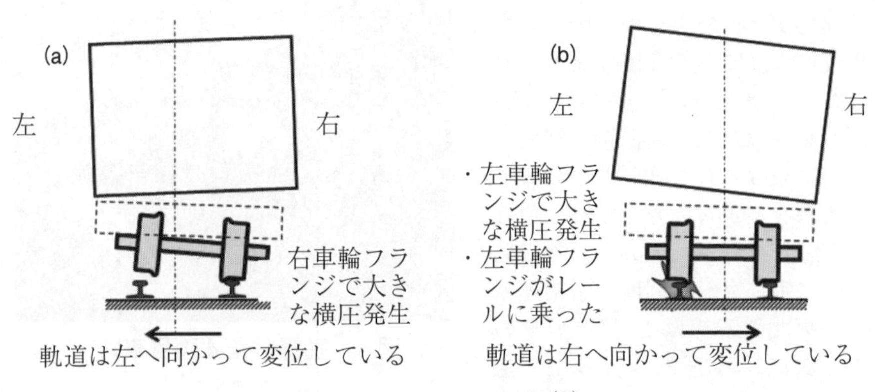

図５　ロッキング脱線(8)

図５（ａ）は軌道面が左矢印方向に変位し，右側車輪のフランジ面が抵抗となり左側車輪が浮き上がった状態を示す。

図５（ｂ）は軌道面の変位が図５（ａ）から反転し右矢印方向に移動した状態を示す。浮き上がっている左側車輪が左レール上部を乗り越え脱線する。（この時右側車輪は左方向に対して抗力が発生しない）

④ **熊本地震（東北地方太平洋沖地震から５年）**

発生日時	2016/4/14 21：26 前震 2016/4/16 01：25 本震	地震規模	M6.5 最大震度 7 M7.3 最大震度 7

熊本総合車両所に向かって回送中の九州新幹線（800 系）は熊本駅を 21：25 に出発，時速約 79km で走行中に熊本地震の前震に遭遇，非常ブレーキにて緊急停止した。直下型地震であったことから早期地震検知システムによる非常停止指令と運転手による手動緊急停止操作はほぼ同時であった。

この地震で 6 両編成の全車両が脱線した。（24 軸中の 22 軸が脱輪）地震発生時に周辺を走行中であった他の九州新幹線（5 編成）は安全に停止することができた。

図 6　脱線した先頭車[9]

主な対応　　（全線復旧までの期間：13 日間　2016/4/27 復旧）

- 脱線防止ガードの取付：九州新幹線では，脱線防止ガード設置の目安として，「活断層と新幹線が完全に交差している高架橋など」とし，脱線現場をはじめ九州新幹線のほとんどのところに設置されていなかった。また当該区間に脱線防止ガードが設置されていたら脱線しなかったとするシミュレーション結果も報告されている。JR 九州では当該区間に脱線防止ガードを設置すると共に設置基準を見直した。
- 逸脱防止ストッパの取付：九州新幹線の 800 系車両は全 9 編成。その内 2 編成に脱線防止ストッパが取り付けてあったが，脱線した編成を含め 7 編成は未装備であった。そのため脱線した編成を除いた 6 編成について翌年 3 月までに追加装備した。脱線した編成は，比較的損傷が軽微であった 3 両は研修用に保存され他は廃車された。

熊本県は震災前，企業立地 PR などで「地震が少なく安全地帯」として全国にアピールしていたが，震災後ホームページなどから削除された。

また，平成 28 年版消防白書[10] によれば「熊本県内の 5 市町（八代市，人吉市，宇土市，大津町および益城町）で，災害対策の拠点となる庁舎が損壊するなどして，その機能を移転せざるを得ず，被災者支援などの応急対策業務にも支障が生じた。庁舎が耐震化されていたのは益城町だけで，業務継続計画が策定されていたのは，八代市と大津町のみだった。」と報告されている。

⑤ 福島県沖地震（熊本県熊本地方地震から５年）

発生日時	2022/3/16 23：34：27 前震 2022/3/16 23：36：37 本震	地震規模	M6.1 最大震度５弱 M7.4 最大震度６強

地震（前震）が発生した時，東北新幹線「やまびこ 223 号」(H5 系 10 両と E6 系７両の連結で H5 系は JR 北海道の車両）は白石蔵王駅間に停車するため減速中であった。時速約 150km 程度まで減速したとき早期地震検知システムによる非常ブレーキが動作し高架橋上で停止した。その後引き続き発生した地震（本震）により 17 両編成のうち 16 両が脱線，全 68 軸中の 60 軸が脱輪，そのうち 50 軸は逸脱防止ストッパで逸脱を免れている。他の走行中の東北新幹線は緊急停止指令により安全に停止することができた。この地震では本震前の前震を関知し緊急停止指令により減速停止できたことから被害を最小限に抑えることができたと思われる。

図７　脱線したＥ６系（先頭車）[11]

主な対応　（全線復旧までの期間：29 日間　2022/4/14 復旧）

「東北地方太平洋沖地震」では約時速 72km で走行中に地震を受け 10 両編成のうち１両が脱線，「熊本地震」では約時速 72km で走行中に地震を受け６両編成の全６車両が脱線，「福島県沖地震」では停止中に脱線。いずれの脱線も高架橋上で車体が共振現象などにより大きく横揺れし脱線したものと推測されている。2013 年日本地震学会で発表された模型実験[12] での報告では，走行中の方が停止中に比べて脱線確率が高いとの報告もある。これらの脱線はいずれも高架橋上であることから高架橋による地震動の増幅，さらに車体構造による揺れの増幅が関わっていると思われる。「東北地方太平洋沖地震」「福島沖地震」では脱線したがいずれも逸脱防止ガイドの効果もあり車両の逸脱防止についてはほぼ目的が達成できているが，脱線を防止するためにはさらなる対策が必要になる。
　ロッキング脱線の対策は，片方の車輪が浮き上がってもレールに乗り上がることを防げるようにレールに「脱線防止ガード」を設置する方法，あるいは車両の揺れを低減させることにより車輪が浮き上がらないようにする方法が考えられる。
　揺れを低減する方法については「東北地方太平洋沖地震」の教訓から，車両の走行安定性で問題となる共振等による車両のローリング対策について，車両・構造物の両面から研究を進めている。車両の対策，高架橋の対策などの具体的成果が待たれている状況である。

　ロッキング脱線問題はJR各社共通の課題であるが，JR東海では東海道新幹線の直線部を含めた全線への「脱線防止ガード」の設置を決定し推進中，JR東では「東北地方太平洋沖地震」以降走行安定性に関わる研究を継続し，成果の一部については試験車両に搭載し実証試験中の状況である。研究成果が少しでも早く実用化し実車両に組み込まれることを願っている。
　新幹線網はこれからも広がり，2027年以降にはリニア中央新幹線（JR東海）も新たに加わろうとしている。
　JR各社は新幹線開業（当時は日本国有鉄道）から今まで様々な地震対策を講じ，現在に至るまで半世紀以上にわったて地震災害による乗員・乗客死亡事故「ゼロ」を継続している。
　気象庁では「南海トラフ地震」については，マグニチュード8〜9クラスの地震の30年以内の発生確率が70〜80%，地震調査研究推進本部地震調査委員会では，「首都直下地震」で想定されるマグニチュード7程度の地震の30年以内の発生確率は，70%程度（いずれも2020年1月24日時点）と発表している。また，国土交通省では新幹線の地震対策を検証する第2回「新幹線の地震対策に関する検証委員会」(13)（2022/12/14）を開き，地震で沈下する恐れのある高架橋柱が全国で約1,100本あり，JR東日本とJR西日本に耐震補強工事完了の前倒しを要請し，2025年度までの完了を目標としている。
　これらの地震に備えるためには，JR各社，国が連携し継続した効果的な対応が必要と思われる。
　今後起きうる巨大地震に対し官民総力で安全性が保たれるよう願っている。

考えてみよう

（1）　車両の脱線・逸脱対策は「逸脱防止ガイド」「逸脱防止ストッパ」「逸脱防止ガード」「脱線防止ガード」などJR各社ごとそれぞれ異なっている。これらの機能と違いについて考えてみよう。

（2）　今後さらに安全性を向上させる方法について，今までの具体的対策（土木構造物の耐震性能の強化，早期地震検知システム，脱線・逸脱防止対策など）を調べた上で，どのような対策が必要か考えてみよう。

（3）　800系九州新幹線9編成のうち脱線した編成を含め7編成は逸脱防止ストッパを装備していなかった。その理由を自分なりに考えてみよう。

（4）　福島県沖地震において，日本経済新聞電子版（2022年3月17日付）は「新幹線脱線，震災の教訓生きず防止装置の効果不十分」[14]と報道，朝日新聞デジタルでは同日付で「東北新幹線，脱線しても横転はせず過去の事故教訓に導入された装置」[15]と伝えている。この報道はどのようなことから異なったものになったか考えてみよう。

本事例の記述は，倫理教育の立場から記述したものである。電気学会として本事例に対する見解を取りまとめたものではない。

第2章　ビジネス倫理を考える

事例4：太陽光発電の傾斜地への展開の課題

(1) 序論[(1)]

2011年の東日本大震災において発生した東京電力福島第一原子力発電所の過酷事故を機に，日本のエネルギー政策は抜本的な見直しを余儀なくされた。カーボンニュートラル（CN）や，再生可能エネルギー100%（RE100）を目指す世界的な潮流に呼応して，日本国内では太陽光や風力の大量増設に舵を切った。2020年10月に当時の菅義偉首相は「2050年カーボンニュートラル，脱炭素化社会の実現を目指す」ことを宣言した。同時期に閣議決定された第6次エネルギー基本計画で「再生可能エネルギーの主力電源化を徹底し，再生可能エネルギーに最優先の原則で取り組み，国民負担の抑制と地域の共生を図りながら最大限の導入を促す」とした。このようにして導入された太陽光発電は，原発に比べて危険度は遥かに小さいものの，設備近隣の地域住民の安全確保から見て課題が多い。このような状況で，新エネルギー・産業技術総合開発機構（以下，NEDO）は2017年版を改定して「地上設置型太陽光発電システムの設計・施工ガイドライン2019年版」[(2)]を公開した。これは，太陽光発電システムの架台，基礎，腐食に関する多くの実証実験から得られた知見を反映している。また，2021年版では，設置場所が平地だけでは足りず傾斜地に設置するケースが増え，傾斜地であるがゆえの問題に対応した「傾斜地設置型太陽光発電システムの設計・施工ガイドライン2021年版（以下，ガイドライン2021年版)」を公開した。

ここでは2018年（平成30年）の豪雨に伴い傾斜地やその造成地に設置された太陽光発電設備の事故事例[(3)]を題材に，ガイドライン2021年版の記載を参照し，傾斜地やその造成地への設置の問題点を土木工学の観点[(4)]から検討する。

(2) 2018年7月豪雨で起きた太陽光発電設備の事故について[(3)]

まず，電気事業法では50kW以上の事業用太陽光発電設備で事故が起きた場合には国への報告を義務付けている。以下はその報告に基づくもので，報告を義務づけられない非事業用および小規模の設備の事故は基準が緩いこともあり，報告された事故は氷山の一角とみるべきである。

事故は敷地被害と設備被害に分けて報告されている。この豪雨による事故報告対象（法令準拠）の被害件数は**表1**に示すように合計123件で，うち敷地被害の合計が103件（敷地被害のみ77件），法面（人工的な斜面）被害57件，設置面被害63件，基礎の被害18件であった。敷地被害のうち23件については豪雨以前から割れや出水などがあった報告とされている。今後の同様の被害の防止を目指して全被害123件について追加調査が行われ，その結果が次のように総括されている。

（1）敷地被害があった89件のうち設置面の斜度5度以上が33件，造成地（切土・盛土）の敷地被害が29件発生した。

（2）設置時に土質調査を行っていたものは敷地被害があった事案の約4割（34／89）である。

（3）水没被害21件のうち12件（約6割）がハザードマップ上の浸水想定区域（洪水または津波）で発生した。

参考のため，太陽光発電設備の設置のイメージを**図1**に示す。同図において，接地面より高所の法面は切土，低所の法面は盛土である。上記総括の（1）と（2）からは，敷地被害が予想される傾斜地や造成地への設置には実効的な基準が必要といえる。（3）の浸水想定区域に至っては言葉を失う。NEDOのガイドライン2021年度版で初めて具体的に傾斜地設置の基準が明

表1　敷地被害と水没の状況[3]

	被害件数						
		うち敷地被害（敷地被害のみ77件）					
			うち法面に被害	うち設置面に被害	うち基礎に被害	構外へパネル流出	豪雨以前から問題有り
近畿	15	14	8	10	4	0	5
中国	95	79	45	46	14	2	16
四国	8	5	3	3	0	0	2
九州	5	5	1	4	0	0	0
合計	123	103	57	63	18	2	23

示されたことに対し，行政当局の現場把握の姿勢に疑問が生じる。これは，元を正せば，必要な専門知識を有する職員が当局の責任ある立場に配置されていないことがより大きな問題であろう。

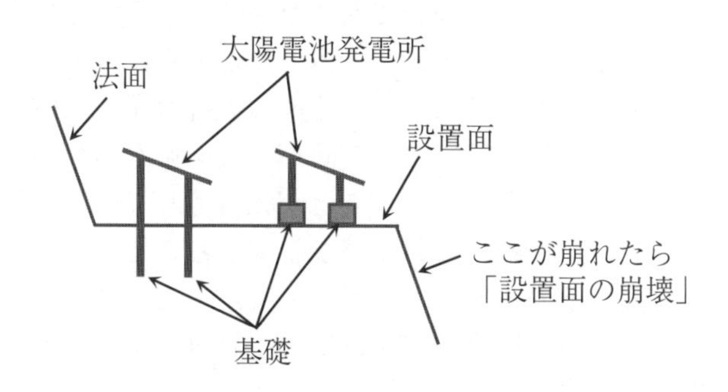

図１　設置の説明図(3)

図２　傾斜地の設備の被災事例(3)

図２の被災事例を述べる。2018 年（平成 30 年）7 月 7 日に兵庫県姫路市内の切土・盛土の造成地に設置された発電能力 750kW の太陽光発電設備で幅・長さともに 50m にわたる崩壊が生じ，太陽光パネル 1,344 枚，パワコン 60 台が破損した。事故の原因として，姫路市内では崩壊時の降水量が 2 日間で 212 ㎜，しかも数日前から降雨が長時間続いたため，大型ブロックの

数十メートル上部の法面に雨水が流れ込みすべり面が生じて崩壊したと推定されている。なお，施工前の測量と現地調査において湧水が確認されるなど法面が極めて不安定な状態であったため，大型ブロックによる施工を決定した，と記載されている。また，「メーカー」（施工業者と思われる）が強度計算を行ない，滑動および転倒について問題ないことを確認していること，および湧水の影響を考慮し，排水施設を設置するとともに，表面水の流入防止のため天端（てんば）[†1]部に張りコンクリート工（法面の縦排水溝，小段排水溝周りにおける洗堀防止や路肩・分離帯における防草，表面排水の目的でコンクリートを打設する工法）が施工されていたことが報告されている。**図2**によると，崩壊を起こしていない上部斜面は草が繁茂していることから，この上部斜面の地中に雨水が浸入しその下部斜面の崩壊をもたらしたことがうかがえる。その意味でこの勾配の斜面に対して天端部の張りコンクリート工で十分であったか疑問が生じる。

この事故は傾斜地設置に関するNEDOのガイドライン2021年版ができる前の話である。土木技術者の目からは，「こんなことも放置されていたのか」とまったく驚きである。参考までに，ガイドライン2019年版の作成に関わった構築関係の研究者・技術者は相当数が建築関係者であり土質工学や浸透流に明るいとみられる土木関係者は見いだされない。問題の所在に気づかなかったか軽視したかのいずれかと考えられる。実情を調べたい。

（3）風荷重の評価について[(1),(6)]

傾斜地への設置は，風荷重の評価でも難題である。風荷重の評価はパネルの飛散という危険な状況[(5)]を回避するために極めて重要である。風荷重の評価はなかなか難しい問題で，単一パネルの受風面に作用する風圧 q_p（設計用速度圧：単位面積あたりの作用力）の評価式の表現が，流れ学を修めた技術者をも惑わす表現となっていることは大きな問題である。JIS C 8955：2017，平成12年5月13日建設省告示第1458号における q_p の表現式はN・m単位でしか通用しないため，次元の不一致の誤解を招きやすい。このような状態では新たな知見の獲得に支障が生じやすい。また単一パネルに作用する風荷重は力の釣り合いを表す運動量の定理を用いると新たな展開の可能性が期待されるが，その試みも見当たらない。複数配置の場合には数値シミュ

†1　天端はふつう構造物の平らな上端面を指すが，この文脈では太陽光発電設備を設置する地表面と理解される。

レーションに頼らざるを得ないが，その前に基本となる単一パネルの風荷重をきちんと抑えるべきと考える。流れ学を正統に修めた技術者が風荷重の研究開発を担うべきであろう。

ここで，風荷重に関する一連の関係式を示しておく。
設計用速度圧 q_p（N／m^2）は，設計用基準風速 V_0（m／s）を用いて次式で与えられている。

$$q_p = 0.6 \times V_0^{\,2} \times \mathrm{E} \times I_{\mathrm{w}} \qquad (1)$$

ここで，Eは環境係数で，時間平均風速の高さ方向の変化と地形（傾斜地や尾根状地形）による風速の割り増し係数およびガスト係数（突風の効果）をその要素に含む。I_w は用途係数で，1.0（通常のシステム）または1.32（極めて重要なシステム）が与えられている。設計用基準風速 V_0 は建設地点の過去の台風の記録に基づく風速で地点ごとに30m／s～46m／sの値が与えられている。

式（1）中の0.6という数値は，空気の密度 ρ を用いた次式

$$q_p = 1/2\rho \times V_0^{\,2} \times \mathrm{E} \times I_w \qquad (2)$$

において $\rho = 1.25\mathrm{kg/m^3} = 1.25\mathrm{N \cdot m \cdot sec^{-4}}$ としたときの $\rho/2$ の概略値である。施設の耐風設計の基本として上記の情報を示すことなしに式（1）を与えていることは技術立国に相応しいとは思われない。

また，受風面の設計用風圧荷重 W_a（N）は設計用速度圧 q_p（N／m^2）を用いて次式で与えられている。

$$W_a = C_a \times q_p \times A_a \qquad (3)$$

ここで，A_a はアレイ面の受風面積（m^2），C_a は受風面の風力係数である。紙面の都合で詳細は省略するが，風洞実験の結果から平坦地に設置された場合を対象として，傾斜した太陽光パネルを乗り上げる順風とパネルの後ろから吹く逆風に対して，風力係数 C_a の実験式がパネルの傾斜角の関数として与えられている。ただ，研究の歴史が浅いこともあり，最近の熱心な研究にも拘らず，正確な評価が難しいことを認識しなければならない。模型実験では1/30～1/100程度の縮尺の模型が使用されるケースが多いが，研究論文を調べた限りでは，流れ学の模型実験の力学的相似の要件としてのスケール効果に関する言及が皆無である。このことは大変気がかりである。

以上は設置面が平坦地のケースである。設置面が傾斜している場合は，斜面の傾斜角と太陽光パネルの傾斜角との大小関係および太陽光パネルの設置位置（斜面中腹か斜面端部か）に応じて風と太陽光パネルの傾斜角度の与え方が示されているが，かなり大味な設定で平地への設置の場合より評価精度が厳しいことに注意すべきである。

（4）結言

以上，2018年に豪雨で起きた太陽光発電システムの被災事故の調査資料を基に，傾斜地への太陽光発電施設を設置することの問題点を降雨時の斜面崩壊の可能性との関係で述べるとともに，風荷重算定の困難さについて述べた。斜面崩壊や風荷重の量的評価は難しく，傾斜地への設置は技術的にも商業的にも慎重を要する。

考えてみよう

（1）太陽光発電システムの施工・設置に関するガイドラインを，傾斜地設置に関する2021年版，地上設置型に関する2019年版，2017年版を比較して，その改定理由を考えてみよう。

（2）敷地被害が中国地方で多く発生した理由を調べてみよう。

（3）太陽光発電の傾斜地・緑地への展開において考慮すべき重要なことを考えてみよう。

（4）太陽光発電システムのガイドラインで，電気的に特に重要と思われる項目を抽出してみよう。

（5）上で抽出した項目について，なぜ重要なのかを考えてみよう。

本事例の記述は，倫理教育の立場から記述したものである。電気学会として本事例に対する見解を取りまとめたものではない。

事例５：米国 NSPE 倫理規定と日米倫理観比較

はじめに

「技術者倫理とは何か」と問われてまず脳裏に浮かぶのは，それが技術者集団内で規範として適用されるべきものであること（規範性）と，そのために普遍的な価値を持つべきであること（普遍性）であろう。しかし，現代の日本人がある事象に対して一つの倫理判断を行ったとして，それが過去のある時点や，異なる文化，宗教背景のある場所でも同様に規範性，普遍性を発揮するとは限らない。それは社会のコンセンサスによって決まるものであるが絶対的ではなく，法規などの明文化された判断基準が必ずしも存在するわけでもない。つまり，倫理観とは相対的なものであり，数学のような絶対解や，工学のような実用に供する数式が存在しえない。技術者やその訓練中の者にとっては難題であろう。

例えば奴隷制度や強制労働のように，現代では明らかに非倫理的行動と考えられるものについては，倫理判断は比較的容易である。しかし，例えば人種，性別，宗教などによる差別的行動といったものは，概念的にはある程度の共通認識があるとしてもそこに規範性，普遍性が完全には備わっておらず，実際の状況における個々人の倫理判断や行動は必ずしも一定ではないと思われる。読者の皆さんにも，全く差別的な意識がないか，といえば嘘になることもあるだろうし，また差別的な扱いをされた経験のある人も（筆者も含め）おられるのではないだろうか。

筆者はこういった，日々意識はしていないが，実は完全な規範性，普遍性が確立していない倫理課題の一つに，「国，文化による違い」があるのではないかと考えた。特に実業においては，例えば我々日本人と欧米人の間に倫理観の隔たりが相当ありそうだ，というのが一般的な理解であろう。ステレオタイプには，日本人の倫理観には「対組織」「迷惑を掛けるかどうか」「顧客，会社内の上司，その他の関係者などが対象」といった傾向があり，それと対比する形で，欧米人の場合は「対個人」「絶対的な善悪，正義感」「主に公衆が対象」というような一つの理解の仕方があると考えられる。ここでは，こういった理解にどこまで信憑性があるか，それがどこかに題材として現れていないか，という観点で探索，考察を試みた。

NSPE技術者倫理規範に現れる米国技術者の倫理観

NSPE（全米プロフェッショナルエンジニア協会）は米国で1934年に設立された，ライセンスを持った米国プロフェッショナルエンジニア（PE）の互助団体である。その目的を「実務分野に関わらず，資格を持ったプロフェッショナルエンジニアの利益に特化した，包括的で技術目的でない組織を創設し，資格のない実務者からエンジニア（と公衆）を守り，この職業に対する社会的認知を築き，非倫理的な実務や不充分な報酬に立ち向かう」(1)としている。全般的にはPEの権利を守り，その活躍の場を維持・拡大することが目的であると読み取れるが，技術者倫理に関しては非倫理的な実務，即ちエンジニアリング活動に反対の立場であることを明記している。

NSPEの技術者倫理規範（Code of Ethics for Engineers，**表1**参照）は，1935年にその原型が専門誌に掲載されたことが端緒となり，1948年頃に採択されたようである。以後はその時代の価値観を反映した変遷を繰り返しているが(2)，それを特徴づける主なキーワードは時系列的に，競争入札，ストライキの濫用禁止，無償のエンジニアリングの引受け禁止，利益背反，継続教育，持続可能な開発，環境保護，ハラスメントと差別の禁止などである。これらのキーワードは現代では常識的になっているか，或いは近年しばしば耳にするものである。この事実を逆に考えると，これらが倫理規範の条項として意識されるようになったのはたかだか1948年以降，即ち第二次大戦後ということであり，倫理観とその規範性，普遍性も変化し続けている，つまり相対的である，ということを意味する。

全文はかなり長い文章であるが，要点について紹介する。なお，原文（日本語版）では「エンジニア」という言葉が使われているので，原文の引用箇所においては「技術者」ではなく「エンジニア」を用いる。前文では「エンジニアリングは，重要でかつ教養に裏付けられた専門職（learned profession）である」「エンジニアは，倫理的行為の最高原則に沿った，専門職としての行動基準に従って役務を遂行しなければならない」と，専門職であることに重きを置いている。本文の構成は「Ⅰ．Fundamental Canons 根源的規範」「Ⅱ．Rules of Practice 実務規定」「Ⅲ．Professional Obligations 専門職としての義務」となっており，細則を含めた文章量ではⅢ．項が圧倒的に多い。Ⅲ．項は一般的な倫理というより，かなり実務的な内容であり，例えば「6．エンジニアは，他のエンジニアへの虚偽の批評や，他の不適切あるいは疑わしい方法によって，雇用，昇進あるいは専門職契約を得ようとしてはならない」「8. エンジニアは自身の専門職としての活動については，賠償責任を個人的に引き受けるものとする（以下省略)」「9. エンジニアは，評価を受けるべき者の技術業務に対してクレジットを与えなければならず，また他の者の財産的な権益を認識するものとする」などは，互いの権益を守る約束事のようなものであり，様々な事例を経て追記されてきたものであろうと想像する。このような詳細な記述が技術者倫理として意識されていることが特徴的である。

表1 NSPEの技術者倫理規範（Code of Ethics for Engineers）[(3)]

Preamble 前文

エンジニアリングは，重要でかつ教養に裏付けられた専門職である。この専門職の一員として，エンジニアは，最高水準の公正さおよび誠実さを示すことが期待される。

エンジニアリングは，すべての人々の生活の質に，直接的でかつ死活的な影響を持つ。それゆえに，エンジニアによって提供される役務は，誠実，公平，公正，及び不偏であることが求められ，かつ公共の衛生，安全，及び福利に貢献せねばならない。

エンジニアは，倫理的行為の最高原則に沿った，専門職としての行動基準に従って役務を遂行しなければならない。

Ⅰ. Fundamental Canons 根源的規範

エンジニアは，自身の専門職としての責務を遂行するにあたり，以下を規範としなければならない。

1. 公共の安全，衛生，及び福利を最優先とする。
2. 自身の専門能力の範囲内でのみ役務を遂行する。
3. 公式声明は，客観的かつ誠実な態度でのみ行う。
4. 自身の雇用主あるいは顧客のために，誠実な代理人または受託者として行動する。
5. 欺瞞的な行動を回避する。
6. この専門職の名誉，評判，及び有用性を高めるため，自身の誇りと責任を持ち，倫理的かつ法を遵守した振舞いを示す。

Ⅱ. Rules of Practice 実務規定

1. エンジニアは，公共の安全，衛生，及び福利を最優先としなければなら

ない。(以下 a.～f. 項略)
2．エンジニアは，自身の専門能力の範囲のみで役務を遂行しなければならない。(以下 a.～c. 項略)
3．エンジニアは，公式声明を客観的かつ誠実な態度でのみ行わなくてはならない。(以下 a.～c. 項略)
4．エンジニアは，自身の雇用主あるいは顧客のために，誠実な代理人または受託者として行動しなければならない。(以下 a.～e. 項略)
5．エンジニアは，欺瞞的な行動を回避しなければならない。(以下 a.～b. 項略)

Ⅲ．Professional Obligations 専門職としての義務

1．エンジニアは，自身に関連する全てにおいて最高水準の公正さおよび誠実さに導かれなければならない。(以下 a.～f. 項略)
2．エンジニアは，いかなる時も公共の利益に貢献するよう努めねばならない。(以下 a.～e. 項略)
3．エンジニアは，公衆を欺く全ての振る舞いまたは行いを回避しなければならない。(以下 a.～c. 項略)
4．エンジニアは，現在あるいは過去の顧客もしくは雇用者の同意なしに，自身が携わった役務についての商務や技術的プロセスに関する機密情報を開示してはならない。(以下 a.～b. 項略)
5．エンジニアは，利益相反によって専門職としての義務が左右されてはならない。(以下 a.～b. 項略)
6．エンジニアは，他のエンジニアへの虚偽の批評や，他の不適切あるいは疑わしい方法によって，雇用，昇進あるいは専門職契約を得ようとしてはならない。(以下 a.～c. 項略)
7．エンジニアは，故意あるいは不正に，直接的・間接的に関わらず，他のエンジニアの専門職としての評判，期待，実践，あるいは雇用を損ねようとしてはならない。エンジニアは，他人が非倫理的あるいは非合法的な罪を犯していると信じるに足るならば，処置をするのに適切な当局に情報を提供しなければならない。(以下 a.～c. 項略)
8．エンジニアは自身の専門職としての活動については，賠償責任を個人的に引き受けるものとする。但し，自身の重過失が原因である場合を除き，その実務から生ずるサービスについて賠償責任の補償を受けない限り，他の手段では自身の利益が守れない場合は，当該補償を求めることができるものとする。(以下 a.～b. 項略)

9．エンジニアは，評価を受けるべき者の技術業務に対してクレジットを与えなければならず，また他の者の財産的な権益を認識するものとする。（以下 a.～d. 項略）

これらを読み，解釈する際には以下のことに留意が必要であることを付記しておく。

・図面，計算書，見解書などの技術成果物について，PE の承認が必須である技術分野は土木，圧力容器など限定的である。

・米国社会においては規制緩和の観点から，PE の関与が必須となる範囲を減らしたり，企業がその設計品質を担保できる場合には個人 PE の設計承認は必須としないようにしたり，という動きもみられる。

・つまり，NSPE の技術者倫理規範は必ずしも米国技術者が持つ倫理観を代表しているものではない。

・とはいえ，PE は機械，電気，土木，化学といった主要な工学分野を包含する最も権威のあるライセンスであり，筆者はこの倫理規範が，米国技術者の倫理観を一般化する目的で，一例としての役割を充分に果たしていると考える。

NSPE 技術者倫理規範に反映される米国技術者の倫理観

NSPE の技術者倫理規範の記述，内容について，特に日本国技術者の倫理観と比較しての筆者なりの観点を下記する。

（1）米国に限らず，技術者に共通して求められる事項

（ア）技術者の公正さ，誠実さへの要求

（イ）公共の安全，衛生，福利の優先

（ウ）欺瞞的な行動の回避

（エ）機密情報の管理

（オ）利益相反の回避

（カ）「持続可能な発展」，環境問題へのアプローチ（表１では該当箇所の記述を省略している）

（2）技術者に共通して求められるが，特に日本人的感覚と差異を感じる記述

（ア）役務遂行上の自身の能力について。「自身の専門能力の範囲のみで役務を遂行」としている。日本ではある程度，専門能力外の事項においても他者と協力しながら従事する，というイメージである。

（イ）技術者の名誉について。「この専門職の名誉，評判，及び有用性を高めるため」の振舞いを規定している。日本では「名誉，評判を守る」という感覚になると思われる。

（ウ）他の技術者を貶める行為について。「エンジニアは，（中略）他のエンジニアの専門職としての評判，期待，実践，あるいは雇用を損ねようとしてはならない」としている。技術者を，企業に守られた存在というよりは，個人，専門職として扱っていることが感じられる。

（3）米国技術者の倫理観を反映する，特徴的な点

（ア）全般的に実務について細かく規定しており，また個人として活動することを前提とした記述が多い。

（イ）エンジニア個人の賠償責任について。自身の活動についての個人的な賠償責任に言及している。

（ウ）エンジニアの技術業務についての対価，権益について。企業内での活動ではあまり意識されない事項である。

これだけで米国人の技術者倫理観や，日本人のそれとの違いを論じるのは早計であることを理解した上で，敢えて可能な限りの考察をしたい。

上記（1）項の各要素は，長きにわたる技術者の役務，活動を通じて，普遍性，規範性を獲得してきたものである。日米間で運用面の差異はあるかもしれないが，倫理観としてはほぼ同一であろう。ただし後述するように，これらが現実として守られるかどうか，また企業不祥事に見られるような，守られなかった場合の原因や性質には，日米間で違いがあると考える。

次に（2）項の各記述について考える。ここからは，期待される技術者の振舞い方について，日米間の違いが見られるような気がする。米国では，技術者が個人として専門分野での能力を発揮し，それについて相応の対価を得ることを重視しているように思われる。これが米国技術者の倫理観を反映しているとするならば，それらは筆者が「はじめに」で置いた仮説，即ち倫理観において重要視する対象が，日本では組織であり，欧米では個人である，という認識を裏付けるものである。

（3）項は，米国内でライセンスを行使することを念頭に置いた記述であ

り，個々人としては「倫理規範を守るも守らないも自分次第」という認識になるのではないだろうか。日本においては技術者倫理というと，広く技術者の模範となるような内容になりそうである。企業などの集団内で通常は模範的な振舞いをするが，もし集団において同調圧力が発揮された場合，日本人技術者の倫理観が「協調」を重視する分，それに抗うことが比較的難しくなるのではないだろうか。

「PE Magazine」における倫理事例に見られる米国での倫理判断

米国における技術者倫理判断の実例を紹介したい。NSPEは機関誌「PE Magazine」を季刊発行している。この中で「On ethics: You Be the Judge」というコーナーがあり，技術者が日常で接するような倫理事例が取上げられている。例えば以下のような例である。

- 2022年春号「個人の裁量　PEは神経発達障害で有ることを雇用主に説明する義務はあるか（A Personal Choice／Does a PE have an obligation to tell an employer about a neurodevelopmental disorder?）」
- 2022年冬号「空からの目　PEがドローンによる橋の点検記録中に偶然に銃撃戦を記録した（Eye in the Sky／An engineer's drone, while recording a bridge inspection, also records a confrontation with gunfire.）」
- 2021年秋号「ロイヤリティーの相反 持ち家保険の会社に勤めているPE。何が問題か？（Conflicted Loyalties?／A professional engineer works for a homeowners'insurance company. What could be wrong with that?）」

以下，2022年春号「個人の裁量　PEは神経発達障害で有ることを雇用主に説明する義務はあるか」という例を取上げる。(4)

「状況：PE Millerは4州のPEライセンスを保有している。彼は汚染防止および大気排出の専門家で25年間PEとして優秀な成績で活動している。彼は自閉症である。Millerはこの事実を今の雇用主ばかりで無く，以前の雇用主にも開示していない。PE Millerは最近，自閉症サポート会議に参加した。発表者の一人は，自分の主張として，自閉症者同士のつながりや，自閉症者が出来ることの勇気付けの発表を行った。発表者は自閉症者に必要なのは援助ではなく気遣であると，主張した。PE Millerは彼が自閉症であることを開示したいが，彼が自閉症であることを開示せずに，雇用されているので，開示することで彼の雇用に支障をきたすのではないかと心配している。もし彼の雇用主及び将来の雇用主が偏見を持つか，客との意思の疎通に関して心配する場合，少なくとも，彼の病気の開示は進路に障害となる可能性がある。

あなたはどう考えるか？：この状況下でPE Millerの技術者倫理の責務は有るか？」

この事例の結論としてPE Magazineでは，PE Millerは，差別を恐れて開示をためらった，ということはあるかもしれないが，都合の悪いことを故意に隠蔽しようとしたわけではない。また，彼は25年間に渡る優秀なエンジニアとして勤務してきた実績があるので，開示しないことが公共の安全，衛生を脅かす，ということも考えにくい。という理由で，開示する，しないは本人の判断に委ねられる，と結論付けている。

NSPEが取上げる倫理事例が，企業の不祥事や大規模な設計不作為などではなく，技術者が明日にでも直面しそうな，一方では直接的に狭義の「技術」と関係ないような日常事例であるというところに着目したい。これは，冒頭「はじめに」での，日米における倫理観の違いについての仮説をある程度裏付けるものであり，また日米の技術者の置かれた立場の違いにも関係があるものと考える。つまり，こういった事象は，日本であれば集団内の暗黙の了解で，曖昧ながらも技術者個人がそれほど困らないような結論が導き出されていく一方，米国の技術者は日常的に，自ら倫理判断を下しそれを行動に移す必要性を感じているのではないだろうか。おそらくは，日本の技術者にとっては，倫理観とは集団の中で和を乱さないための行動様式を決定するための感覚であり（ともすれば集団心理での不正行為に繋がりかねない），米国では自らの利益と立場を守るための武器（ともすれば一部の強い主張による不正行為に繋がりかねない）なのだろう，と乱暴な私見ながら想像する。

日本人技術者は，他者を思いやり協調性を発揮する文化的な長所を守りつつも，米国技術者の倫理観の良さも取り入れて，一技術者としての矜持を持つべきと考える。自分自身の倫理判断により行動を決めていくという姿勢が，長い目で見て技術者としてのキャリアの成功を導くのではないだろうか。

考えてみよう

（1）「はじめに」の章で述べている「倫理観とは相対的なものである」に

ついて，その人の背景によって倫理観・倫理判断が異なるであろう，具体的事象を 2，3 通り挙げてみよう。

（2） NSPE の技術者倫理規範（表 1）の各項目のなかで，あなたが実務上で強く意識している（あるいは，今後実務に就いた場合にそうするだろうと想像する）項目はどれか，あまり意識していない（あるいは，今後そうしないだろうと想像する）項目はどれか挙げてみよう。あまり意識していない項目があるとすれば，それはどのような理由によるものか，考察してみよう。

（3） 「『PE Magazine』における倫理事例に見られる米国での倫理判断」の章で紹介した「PE は神経発達障害で有ることを雇用主に説明する義務はあるか」との問いについて，説明する義務があるのはどういった場合か，ないのはどういった場合か，考察してみよう。

本事例の記述は，倫理教育の立場から記述したものである。電気学会として本事例に対する見解を取りまとめたものではない。

事例6：日本企業初の人権報告書

（1）はじめに

企業において人権保護や人権尊重を前提としたビジネス上の利益の確保や理解が求められている。**表1**に「ビジネスと人権」に関する略年表を示す。1999年には，企業を中心とした様々な団体が社会の良き一員として行動し，持続可能な成長を実現するための自発的な取組として，「国連グローバル・コンパクト」が提唱され，2010年には，国際標準化機構（ISO）が設定する国際規格ISO26000（組織の社会的責任に関する国際規格）が発効している。2011年3月には，人権を保護する国家の義務，人権を尊重する企業の責任，救済へのアクセスから成る「ビジネスと人権に関する指導原則」（Guiding Principles on Business and Human Rights）が，国連人権理事会において全会一致で承認され，以降，法制化へ向けた大きな転機となる。

企業のサプライチェーンの透明化を義務付けた英国の「現代奴隷法」[(1)]が2015年に成立し，それ以降，他の国でも奴隷労働撲滅など人権に関するステートメントの公表等，法制化の動きが進んでいる。

国際社会において，「ビジネスと人権に関する指導原則」への支持は高まりつつあり[(2)]，その考え方は，その後，経済協力開発機構（OECD）のガイダンスとしてビジネス界の常識[(3)]となっている。したがって，法制化の流れは今後間違いなく強まり，いずれ各国で人権に関する情報開示が義務化され，将来的には，強制力を持たせるべく，罰金，民事罰等の罰則規定も盛り込まれるものと予測される。このように「ビジネスと人権」に関する国際的な要請はますます高まっていくことが予測され，人権リスクへの適切な配慮により，機関投資家の投資を呼び込める国際競争力の向上効果[(4)]が見込まれる。このような現況のなか，ビジネスパーソンに人権を考えてもらいたく，「日本企業初の人権報告書」を事例として採り上げる。

空運業A社では，外国人をステレオタイプ化した不適切なTV広告，東京オリンピック・パラリンピック競技大会2020のオフィシャルパートナー，英国「現代奴隷法」の制定等，これらを契機として，人権問題をグローバルな事業リスクと捉えた。そして，A社グループとして，上記の「ビジネスと人権に関する指導原則」に沿った対応を進めていくことを決定した。

海外企業では，2015年6月，英国に本拠を置く日用消費財メーカーU社が，英国「現代奴隷法」施行を前に「人権報告書2015[(5)]」を発行している。

A社，U社の何れの人権報告書も，「ビジネスと人権に関する指導原則」を踏まえたものとなっている。

表１　「ビジネスと人権」に関する略年表

西暦	組織	事象	概要
1998	国際労働機関（ILO）	「労働における基本的原則及び権利に関するILO宣言」採択	加盟国が尊重・遵守すべき四つの基本的権利に関する原則を定める。
1999	国際連合	「国連グローバル・コンパクト」提唱	企業に対し，人権・労働権・環境・腐敗防止に関する10原則を順守し実践するよう要請。
2011	国際連合	「ビジネスと人権に関する指導原則：保護，尊重及び救済の枠組みにかかる指導原則」策定	人権を保護する国家の義務，人権を尊重する企業の責任，救済へのアクセスの３構成。
2015	グレートブリテン及び北アイルランド連合王国（イギリス）	「現代奴隷法」制定	サプライチェーンからの奴隷制排除のため，現代奴隷労働や人身取引に関する法的執行力の強化。

※引用・参考文献（6）（7）および各組織のウェブサイトをもとに筆者が作成。

（2）人権とは何か

日本国憲法は，第十一条に基本的人権として「国民は，すべての基本的人権の享有を妨げられない。この憲法が国民に保障する基本的人権は，侵すことのできない永久の権利として，現在及び将来の国民に与へられる。」(8) と謳い，第九十七条に基本的人権の由来特質として「この憲法が日本国民に保障する基本的人権は，人類の多年にわたる自由獲得の努力の成果であつて，これらの権利は，過去幾多の試錬に堪へ，現在及び将来の国民に対し，侵すことのできない永久の権利として信託されたものである。」(8) と謳う。

人権とは，広辞苑第七版に「人間が人間として生まれながらに持っている権利。実定法上の権利のように恣意的に剥奪または制限されない。基本的人権」(9) とある。また，法務省人権擁護局『人権の擁護』には「『全ての人々が生命と自由を確保し，それぞれの幸福を追求する権利』あるいは『人間が人間らしく生きる権利で，生まれながらに持つ権利』であり，誰にとっても身近で大切なもの，違いを認め合う心によって守られるもの」[10] とある。

（3） A社の人権報告書

2018年5月，A社は日本企業として初めて「人権報告書2018[11]」を発行し，以降，毎年発行している。同社CSR推進部マネジャーS氏は，メディア会社N社の取材に，人権報告書発行の契機として次の3点[12] をあげている。

①外国人をステレオタイプ化した不適切なTV広告の制作
②東京2020オリンピック・パラリンピック競技大会のオフィシャルパートナーに決定
③英国での「現代奴隷法」の制定

表2は，A社の「人権報告書2018」発行の背景を時系列にまとめたものである。不適切なTV広告とは，外国人を金髪と高い鼻で表現して，日本在住の外国人からSNS上に批判的なコメントが寄せられ，波紋が広がったTV広告である。

表2　A社の人権報告書発行の背景

西暦	月	事象
2014		外国人をステレオタイプ化した不適切なTV広告の制作
2015	3	英国「現代奴隷法」制定
	4	A社グループダイバーシティ＆インクルージョン宣言を発表
	6	東京2020オリンピック・パラリンピック競技大会のオフィシャルパートナー（旅客航空輸送サービスカテゴリー）に決定
	7	英国「現代奴隷法」施行
2016	4	A社グループ人権方針を策定
2017		4つの特定した人権テーマへの対応
2018	5	人権報告書を発行

表3　基本的人権に関する略年表

西暦	組織	事象	概要
1946	日本国	「日本国憲法」制定	三つの基本原理（国民主権，基本的人権の尊重，平和主義）。
1948	国際連合	「世界人権宣言」採択	基本的人権尊重の原則を定める。初めて人権の保障を国際的に謳う。
1966	国際連合	「国際人権規約」採択	世界人権宣言の内容を基礎として条約化。人権諸条約の中で最も基本的かつ包括的。

※引用・参考文献（6）および各組織のウェブサイトをもとに筆者が作成。

「人権報告書 2018」では，A社代表取締役社長K氏（当時）のトップメッセージとして，「社会とともに持続的に成長できる世界のリーディング企業」となることを目指しているとあり，そのために優先して取り組む重点課題（マテリアリティ）の一つとして，「人権への対応」をあげている[11]。2016年4月制定の「A社グループ人権方針[13]」は，A社グループ全社員に適用され，A社グループ全社員が人権eラーニング（企業の社会的責任と人権①②）を受講する[11]。

人権報告書 2018 に記載されたA社グループの活動において，直接的な「拠り所」としている事象を**表1**，**表3**に網掛けする。

A社グループでは，「ビジネスと人権に関する指導原則」にある人権デュー・ディリジェンス（Human Rights Due Diligence）の内容に沿って取り組みを進め，進捗状況を都度確認している。人権報告書を作成する上で「国連指導原則報告フレームワーク」を参照し，人権報告書には，フレームワークの項目と人権報告書における該当ページ数との対応表（**表4**）が付されている。

表4　国連指導原則報告フレームワークに掲載された項目との対照

項目		該当ページ
パートA	人権尊重のガバナンス	
A1	方針のコミットメント	

A1.1	パブリック・コミットメントはどのように策定されたか？	p.5
A1.3	パブリック・コミットメントをどのように周知させているか？	pp.10-11
A2	人権尊重の組み込み	
A2.1	人権パフォーマンスの日常における責任は、社内でどのように構成されているか、またその理由は何か？	pp.5-7
A2.2	上級経営管理者および取締役会では、どのような種類の人権課題がどのような理由で議論されているか？	pp.5-7
A2.3	意思決定や行動に際してはさまざまな方法で人権尊重を意識すべきであることを、従業員および契約労働者に対してどのように周知させているか？	pp.10-11
A2.4	企業は取引関係において、人権尊重を重視していることをどのように明確化しているか？	pp.10-11
パートB	報告の焦点の明確化	
B1	顕著な人権課題の提示	pp.8-9
B3	重点地域の選択	pp.8-9
パートC	謙虚な人権課題の管理	
C2	ステークホルダー・エンゲージメント	
C2.1	企業は顕著な人権課題のそれぞれについて、どのステークホルダーと関与すべきか、またいつ、どのように関与するかをどのように決定しているか？	pp.8-9
C2.2	報告対象期間中、企業は顕著な人権課題のそれぞれについて、どのステークホルダーと関与したか、またその理由は何か？	pp.8-9

※引用・参考文献（11）（14）をもとに筆者が，該当ページの記載のあるところのみを抜粋して作成。

考えてみよう

（１） 人権と持続可能な開発目標（Sustainable Development Goals（SDGs））との関係について考えてみよう。

（２） 企業活動において人権の尊重が注目されているのはなぜだろうか。あなたの考えを述べてみよう。

（３） 企業活動において，また，日常生活において，人権侵害にはどのようなリスクを伴うだろうか。あなたの考えを述べてみよう。

本事例の記述は，倫理教育の立場から記述したものである。電気学会として本事例に対する見解を取りまとめたものではない。

事例7：私心を去り信念を貫く

(1) はじめに

「経営の神様」と言われたK社の創業者IK氏は「何かを決めようとするときに，少しでも私心が入れば判断はくもり，その結果は間違った方向へいってしまいます。人はとかく，自分の利益となる方に偏った考え方をしてしまいがちです。」(1) と言う。ビジネスパーソンが日々の仕事をスムーズに進めるにあたっての示唆，考えるヒントになれば幸いと，筆者は「私心を去り信念を貫く」を事例として採り上げた。

2010年1月19日，ナショナルフラッグキャリアと呼ばれた空運業のJ社は，東京地裁に会社更生法の適用を申請し倒産した。負債総額は2兆3221億円，戦後4番目の規模である。そのJ社の再生を託されたのが，K社名誉会長IK氏（当時）である。

そのような状態から如何にしてJ社は再建を果たしたのか。IK氏はまずJ社社員の意識を変えることから始めた。

(2) J社破綻の原因

更正会社株式会社日本航空コンプライアンス調査委員会の調査報告書（要旨）(2) には，J社破綻の原因として下記の通り記載されている。

「J社の破綻に至った要因は，下記経営上の問題を解決できなかったことにあると考えられる。

収益面では，国際線，国内線ともに，競合他社の進出を受けて伸び悩んでいる。」

「国際線についてみると，J社は国際線の依存度が高く，数次にわたるリスクイベントの影響を受けて，減収，赤字となる年度が多かった。これに加えて，ドル箱路線に競合他社の進出を受けていることも，収益低下の一因となっている。」

「国内線では，2005年度以降，J社とJD社との統合に危機感を抱いた競合他社の営業努力等と自らが招いた安全問題により，競合他社に顧客を奪われたままとなっている。」

「コスト面では，航空需要の見通しを誤り，機種の削減や機材の小型化が遅れたうえ，地元自治体や労働組合の反発などを配慮するあまり，不採算路線からの撤退や思い切った人件費の削減に踏み込めず，高コスト体質が温存されることとなった。」

「財務面では，過去の為替差損やホテル事業・リゾート事業の失敗により従来から財務体質が脆弱であったが，その後もその体質は改善されず，借入金，社債，リースなどの負債が多額に上り，2008年度末時点の自己資本比率は10.0%と低く，極めて脆弱な財務体質のままであった。」

「上記のような収益・費用・財務の状況に加え，2008年半ばまでの燃油高騰による経費の増加とデリバティブ取引の失敗による損失の拡大，さらにはリーマンショックによる国際線の大幅な減収により，資金繰りが急速に悪化して破綻に至ったものである。」

また，文献（3）には，ライバル会社であるA社代表取締役社長IS氏（当時）が「「よその会社のことなので，あまり言いたくありませんが」と前おきしながらも，「J社の経営破綻の原因は明らかに国際線です。供給過多という面から見てもそう思います」」[3] と語っているとある。

加え，J社123便墜落事故等を引き合いに出し，飛行の安全の維持には品質を高めていく必要があると，半ば飛行の安全を大義名分に，湯水のように金を注ぎ込んでいたことは想像に難くない。

（3）IK氏登場

2010年にJ社が倒産した際，IK氏は政府から会社更生法に基づくJ社再建のために先頭に立ってほしいと依頼された。

IK氏は個人的な感情ではJ社が「大嫌い」であった。それは，「日本を代表するナショナルフラッグキャリアとしての自負心ゆえかもしれないが，傲慢さ，横柄さ，プライドの高さが鼻につき，お客様をないがしろにするような」[4] ところからである。

しかし，J社再建には社会的に三つの大義[5] があると思い至った。

①二次破綻による日本経済全体への悪影響を食い止めること。

②残された社員の雇用を守ること。

③正しい「競争環境」を維持して国民の利便性を確保すること。

IK氏は「「独占」という言葉が出てくると，とたんに目が鋭くなる。」[6]「独占は悪」との信念から，J社とA社の2社による「健全な競争」を何としても守らなければならない。「J社がなくなれば日本の航空業界は事実上，A社の「独占」になってしまう。」IK氏は独占を防ぎ，その信念を貫くために私心を去って「「大嫌い」であったJ社を救うことにした。」[6]

管財人ではなく，会長の立場で経営指導にあたり，報酬は受け取らない旨の条件を株式会社企業再生支援機構側がのむと，IK 氏は帰り際，新古今和歌集の西行の歌を読み上げた。

「年たけてまた越ゆべしと思ひきや命なりけり小夜の中山」

（現代語訳：年老いて，この小夜の中山を再び越えられるとは思ってもみなかった。命があればこそなのだなあ。）[7]

執行役員運航本部長U氏は，会長となったIK 氏に「安全にはコストがかかります。安全とコストを比較したら，どちらが先とお考えになりますか。」[6] と尋ねる。

IK 氏は「安全には金がかかると君は言うが，その金は勝手に生まれてくるものではないよ。利益がなければ，飛行機を整備するお金にも事欠くだろう。しかし安全でなければ，利益は出ない。つまり両方なんだよ。」[6] と答える。

人の命と利益は，どちらかを取ると，どちらかがおろそかになるという，二律背反のものではない。利益を確保することで，安全がより強化されるのである。[8]

（4）J社フィロソフィ

文献（5）には，次のように記す。IK 氏は「フィロソフィ」と「アメーバ経営」をJ社へ携えていき，「J社フィロソフィ」の策定により，J社に共通の価値観が生まれ，全社員の意識が進んだ。また,「アメーバ経営」の導入により，社員一人一人に経営者意識が芽生えた。

「アメーバ経営」とは,「大きな組織を独立採算で運営する小集団に分けて，その小さな組織にリーダーを任命して，共同経営のようなかたちで会社を経営する」[9] 経営手法である。

「J社フィロソフィ」[10] は，**表1**に示す通り，2部9章，計40項目で構成されており,「J社のサービスや商品に携わる全員がもつべき意識・価値観・考え方」として策定したものである。特に，第2部はアメーバ経営にも通ずるものとなっている。

表１　Ｊ社フィロソフィ

第１部　すばらしい人生を送るために	第２部　すばらしいＪ社となるために
第１章　成功方程式（人生・仕事の方程式）	第１章　一人ひとりがＪ社
第２章　正しい考え方をもつ	第２章　採算意識を高める
第３章　熱意をもって地道な努力を続ける	第３章　心をひとつにする
第４章　能力は必ず進歩する	第４章　燃える集団になる
	第５章　常に創造する

※引用・参考文献（10）をもとに筆者が作成。

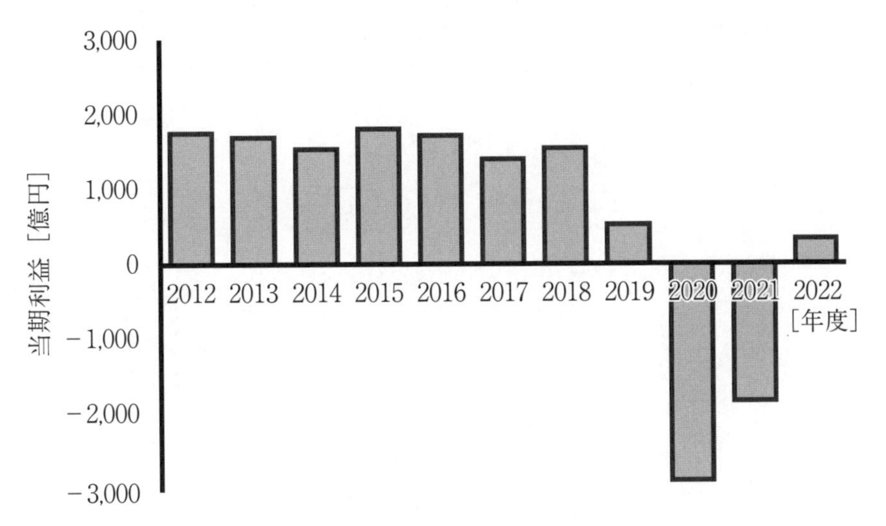

図１　Ｊ社の連結純損益

※引用・参考文献（11）をもとに筆者が作成。

Ｊ社は，2012年９月19日，上場廃止から僅か２年７カ月で再上場した。万年赤字会社から黒字会社への変身である。**図１**に，2012年度以降のＪ社の連結純損益を示す。再上場以降，順調に利益を上げている。2020年春以降の新型コロナ感染拡大により再上場後初めて赤字に陥るが，2022年度には，純損益が３年ぶりに黒字化した。

考えてみよう

（1）好き嫌いという個人的感情や私心にとらわれず，信念を貫くことの大切さ，難しさについて考えてみよう。

（2）西行の歌を詠み上げたIK氏は，どのような心境であっただろうか。推察してみよう。

（3）IK氏がJ社を離れてからも，昔のJ社に戻ることなくコロナ禍をも凌ぐことができたのはなぜだろうか。

本事例の記述は，倫理教育の立場から記述したものである。電気学会として本事例に対する見解を取りまとめたものではない。

事例８：電気関係報告規則に該当する電気事故報告

（1）登場人物・設備

○オーナーA氏

ゴルフ場を併設するリゾート施設Aを所有し経営している，やり手のオーナーである。最近，リゾート施設内の遊休土地にFIT（再生可能エネルギーの固定価格買取り制度）を活用した太陽光発電所を設置した。

○管理技術者Bさん

リゾート施設Aの高圧需要設備（自家用電気工作物）の保安管理業務（電気主任技術者）を，A氏より委託されている。A氏とは年契約で，問題がなければ自動更新されることになっており，個人事業主であるBさんにとって，ぜひとも継続契約していきたい大切な顧客である。

○太陽光発電所設備概要

6600V高圧配電線連系，発電所出力180kW，約2000平方メートル
パワーコンディショナー（PCS）　60kW×3台
太陽電池パネル60kWユニットアレイ×3組

（2）太陽光発電所の設置

（訪問時のオーナーとの対話）

A氏：この前，C企画（施設Aに出入りの会社）が来て太陽光発電の話をいろいろ聞いたよ。事務所裏の南向き傾斜地は使い道がなくて空き地になっているけれど，土地を空けておくのはもったいないから，太陽光発電所を作ったらどうかと勧めるんだ。
なんでも彼らの資料では，FIT制度とかいうのを使えば十分儲かるそうだ。でも年々，買取り価格が下がっていくらしくてやるなら早いほうがいいと言っていたけれど，実際のところはどうなんだい。

Bさん：確かに，いま設置されている太陽光発電所はほとんどがFIT制度を利用しています。買取り価格が年々下がっているというのも事実で，制度ができた当初は1キロワットアワーあたり40円台と高かったのですが，たしか2021年度では11円くらいに下がっているはずです。

A氏：よくわからんけど，それはずいぶんな違いだなあ。そんなので本当に儲かるのかね。

Bさん：確かに買取り価格は年々下がっていますが，発電設備の設置コスト

も相当下がっています。買取り価格もそれを踏まえて設定されていますので，単純に買取り価格だけでは判断できません。
1円でも高い単価で買ってもらった方が良いのはもちろんですが，どれだけの量を発電できるかが大切で，太陽光パネルを設置する斜面の方角などでずいぶん違いが出てきます。
A氏：なるほど。そういうことか。試しに，C企画にどんな設備がつくれて，どんな収支になるか，もっと詳細に設計して持ってくるように言っておいたので，今度来たらどんなものか見てみるよ。
（後日）
A氏：この前の太陽光の件だけど，C企画が詳細な検討資料を持ってきたよ。収益の試算を見たら利益もそこそこなので，やることに決めたよ。
Bさん：えっ！もう決めたんですか。
A氏：年度が替わると買取価格が下がるというので，早々に決めたよ。また電気主任技術者というのがいるようだが，あなたに任せるよ。
Bさん：そうですか。ありがとうございます。
A氏：C企画にはBさんのことは言ってあるから連絡を取ってみてくれ。面倒なことはよくわからんから，うまくやってくれよ。
Bさん：わかりました。

（発電設備の設置工事の対応）
太陽光発電設備を新設する場合，電気主任技術者選任や保安規定届出など手続が必要で，さっそくBさんはC企画と工事会社に連絡を取った。
設計図面等を確認したところ，太陽光パネルとPCSは海外メーカー製で，回路方式など日本の標準とは違いがあったため，電気設備技術基準への適合確認など，手直しを設計者へ指示するなど慎重に実施した。
実際の設置工事は，施工会社が海外の会社であり現場責任者はカタコトの日本語を話す外国人であった。機器の設定・調整に来た海外メーカーの現地技術者も同様に，カタコトの日本語を話す外国人であった。
そんな状態ではあったが，何とかコミュニケーションを確保し所定の試験・検査・手続きを行い発電開始にこぎつけた。

（3）設備故障の発見と対応

発電開始から1か月ほどたったある日の午後，Bさんが現地確認を行った際，PCSのうち１台が発電していないことを発見した。

PCS本体を確認したところ表示ランプがすべて消灯していたため故障している可能性があると考え，急いでPCSメーカーの技術者に連絡しカタコトながら状況を伝えたところ，幸いすぐに対応できるとのことで，Bさんは現地待機することにした。

待機している間に，隣接する事務所にA氏を訪ね状況を報告した。A氏は「なんだ，もう調子が悪いのか。よくわからんがうまくやってくれ。」との事だった。

ほどなくメーカー技術者が到着しPCSの状態を確認し，その技術者によると，PCS代替品を持参しているので無償で取替え修理するとのこと。

原因は何かと問い合わせるも，出力が出なくなったということをカタコトの日本語で繰り返すばかりで要領を得なかったが，PCS取替は比較的簡単に終了し設備は復旧した。

しかしPCS取替の際，メーカー技術者がPCSのパネルカバーを開けたとき，PCS内部で黒く焦げ焼損していると思われる状況が目に留まった。

メーカー技術者にそのことを指摘し，PCSの故障状況と原因について問いただしたが，カタコトの日本語で，新品と取替えたので問題ないということを繰り返すだけであった。

やむを得ず，持ち帰って故障状況と原因について正式に報告書を出すように念を押してその日の修理作業を終了した。

（この時のBさんの心境）

メーカー技術者は，言葉がカタコトなのをいいことに何かごまかしているように思えるなあ。しかも，現地確認もしていないのに代替品を持っていたり，何か確証があったようにも思えるし…。残りの２台にも不具合要因が内在している可能性も十分ある。

しかし，まいったなぁ。あればどう見てもPCS内部の不具合で主要電気工作物の破損事故に該当するよなぁ。経済産業局のセミナーでも，PCSの破損は電気事故報告を出さないといけないと言っていたなぁ。

（修理後，A氏への報告）

修理終了後，Bさんは事務所でまだ執務中だったA氏に状況を報告した。

Bさん：不具合ですが早速メーカーが来て，故障したPCSという機器を新品に取替えて復旧しました。
A氏：それはご苦労さま。
Bさん：ところで，故障したPCSなんですが，メーカーの技術者に状況と原因を聞いたんですが，カタコトの日本語で新品に取替えたので問題ないと繰り返すだけで的を射ません。
　でも，取替えのときに見ていたら，内部が黒く焦げて焼損しているようで，破損事故と言うことになり電気関係報告規則の「電気事故報告」というのを出す必要があります。書類とか手続きは私がやりますが，設置者名で産業保安監督部というところへ提出しないといけません。
A氏：なんだそれは。メーカーが無償で取替えて直ったんだからそれでいいだろう。悪いことをしたわけでもないのに，なんでそんな始末書みたいなものを出さなきゃいけないんだ。
Bさん：でも規則ですから。
A氏：子供じゃあるまいし，黙っていればいいんだろう。メーカーも何も言っていないんだし。（苛立ち気味に）何が事故だったいうんだ。第一，被害者はこっちだ。うまくやってくれって，いつも言ってるだろう。
Bさん：そうですね。わかりました。

（Bさんのその後の心境）
　成り行きで，わかりましたと言ってしまったが，どうしても引っかかるなぁ。電気関係報告規則をもう一度読んでみても，やっぱりあれは破損事故で電気事故報告の対象だよなぁ。今回たまたま大事に至らずに済んだけれど，状況によっては炎上とか，もっと大ごとに発展することも十分考えられるし。
　経済産業省の内規(1) に電気事故報告の目的が書いてあるけれど，そもそも，電気事故報告はペナルティじゃないよなぁ。きちんと報告がなされ，一つ一つの報告がきちんと積みあがらないと，次の大きな事故が防げないことにもなりうるし，そういうことを一度やるとクセになりそうで，やっぱりこのまま目をつむるのは技術者として良心が許さないなぁ。
　やはりきちんと報告すべきだから，すぐに書類を作成して，もう一度A氏に話をしよう。

（その後のBさんの行動）
　翌朝早々にA氏を訪ね，昨日の自分の説明が不十分であったことや，電気事故報告の目的などを丁寧にご説明し，必要性を理解いただき速やかに電気事故報告（速報）を提出した。

考えてみよう

（1） A氏に対し正論を強く主張すれば心証を害し，不利益を被る可能性もありました。A氏や関係者と，協力や信頼関係構築のためには，日頃からどのようなことに気を配ればよいでしょうか。

（2） 今回，メーカーから積極的な協力が得られませんでした。判断に必要な客観的材料や情報が十分に得られない状況もありえます。Bさんの判断と行動は適切だったと思いますか。あなたならどうしますか。

（3） 守らなければならない規則やルールには目的と相応の理由があります。その背景を理解せず実施事項を丸暗記しているだけだと，本質が見えず技術者として判断を誤る可能性もあります。あなた自身の今や過去の立場で，類似した状態がないか考えてみましょう。

（4） 予期せぬ事態に遭遇し，技術者として何らかの判断をしなければならない場面に直面することがあります。そのような場面でも冷静に考え，技術的，倫理的に適切な判断をするために，日ごろからどのような準備が必要でしょうか。あなた自身の今の立場で考えてみましょう。

本事例の記述は，倫理教育の立場から記述したものである。電気学会として本事例に対する見解を取りまとめたものではない。

事例9：岡崎市立中央図書館事件

岡崎市は中核市，中枢中核都市†1に指定されている愛知県の中央部にある市である。岡崎市立中央図書館（以下，O図書館と呼ぶ）は2021年度の統計データ(1)によれば，蔵書約96万冊，個人登録者約23万人，年間受入図書約2.6万冊の公立図書館である。2010年にO図書館の図書館システムへの攻撃（DoS攻撃†2）と疑われた事件（事件1と呼ぶ）とO図書館の利用者情報が他の図書館システムから流出した事件（事件2と呼ぶ）の2つの事件が起きた。なお，事件2では同じ図書館システムのソフトウェアを利用している他の自治体の図書館の利用者情報も流出している。

事件1：図書館システムへのサイバー攻撃と疑われた事件(2)−(7)

（1）事件の概要

2010年3月にO図書館の図書館システムが高負荷となり，外部ユーザから繋がりにくくなった。図書館システムのソフトウェアを作成したM社の調査結果に基づき，O図書館は特定IPアドレスからの高頻度のアクセスが原因であると判断し，愛知県岡崎警察署に被害届を提出した。IPアドレスからアクセス元であるA氏が特定され，A氏が作成したプログラムによる図書館システムへの攻撃による偽計業務妨害（刑法第233条）の疑いでA氏は2010年5月25日に逮捕された。取り調べの結果，A氏は21日間の勾留の後，起訴猶予処分で釈放された。その後の調査の結果，原因は図書館システムの不具合によるものであることが判明したが，被害届の取り下げは行われていない。

---

†1　中核市とは地方自治法に定められた政令により指定された62市，中枢中核都市とは東京圏以外の地域の経済や住民生活を支える拠点となる82市である（市の数は2023年現在の値）。

†2　DoS（Denial of Service）攻撃とはインターネット上でWebサービスやメールサービス等を提供しているサーバ等に対して，①悪意を持って過剰な負荷を与える，または，②サーバ等の脆弱性を悪用して，サービスの運用や提供を妨げる攻撃である。事件1では①が疑われた。

（２）事件の原因

（ａ）Ａ氏が作成したプログラム

Ｏ図書館の新着図書が探しにくいため，Ａ氏は新着図書情報を収集する自分専用のプログラムを作成した。このプログラムは一旦起動すると自動的に1秒間に1回程度図書館システムにアクセスし，応答を受信するまでは次のリクエストを送らないようになっていた。国立国会図書館のインターネット資料収集保存事業(8) では「ターゲット内の各ページをダウンロードする間隔を1秒以上空けることを前提に収集頻度を算出」としている。1秒間に1回程度のアクセスであれば，国立国会図書館と同程度の頻度である。なお，エラー（本件ではHTTP500：サーバ内部で起きた何らかのエラーを示すステータスコード）の応答があった場合にも，何も対処せず，次のリクエストを送ることになっていた。

このプログラムの目的からは，悪意を持って図書館システムにアクセスしているとは言えず，また，高頻度でアクセスしているとも言えないことから，DoS攻撃とは言えない。

（ｂ）図書館システムのソフトウェア

利用者端末から図書館システムにリクエストがあると，Webサーバとデータベースサーバの間にリンクが張られる。処理が終わり端末に応答を返すとセッションが終了するが，その後もこのリンクは解放されず，10分間接続されたままになっている。このリンクの個数には上限があり，上限に達した後に発生するリクエストにはHTTP500のステータスコードが返される。

10分間に一定数以上† のリクエストがあると他のリクエストの処理が不可能になる不具合があることが判明し，Ｍ社は2010年7月に当該不具合を修正している。

これを遡る2006年にＭ社は新版を作成し，この不具合を解消していたが，Ｏ図書館は旧版を使い続けていた。2010年3月にはＭ社はトラブル解析の結果，図書館システムのソフトウェアの不具合が原因であることだけでなく，Ｏ図書館と同じソフトウェアを導入した他の図書館でも同様の障害が発生していることを把握していた。この事実はＯ図書館には伝えられていない。

† 資料により400, 600, 1000と違いがある。なお，国立国会図書館は同時接続数の上限を公表していない。

（3）事件の決着

（a）M社

ニュースリリースで，以下の3点を示し，非を認めた(9)。

①最初のアクセス障害が起きた3月中旬の時点でシステム解析や性能調査による究明を行わなかった。

②O図書館への説明が不十分であった。

③障害情報を開発部門で解析し対策を講じることを怠った。

しかし，A氏の逮捕勾留との因果関係についての言及はない。

（b）O図書館

2010年9月に，「図書館には非はなく，A氏のプログラムの方法がまずい。」，「図書館側のソフトに不具合はなく，図書館側に責任はない。」との声明が出されたが，翌2011年2月に，「閲覧障害はM社が開発した図書館システムが原因でA氏が逮捕される事態になった。」，「A氏の名誉回復を願っている。」との見解を示している(10)。

M社に対しては，1年6か月の指名停止の行政処分を科したが，費用，裁判期間などを考慮した結果，損害賠償などの訴訟は断念した。

（c）A氏

起訴猶予処分となったA氏はO図書館が被害届を取り下げないことに理解を示した。その理由は，被害届提出の必要があれば，提出をためらってはならず，被害届を取り下げれば，次に何かあった時に被害届の提出をためらうことに繋がると考えたからである。

（4）各ステークホルダー（利害関係者）の問題点

（a）A氏

①A氏は早く釈放されると思い，図書館システムへの攻撃の意図はないのに，認めてしまった。

②HTTP500のステータスコードを受信し，このエラー処理をしていない。外部システムに接続するようなソフトを作る際には，他のユーザに迷惑をかけないような配慮が欠けている。

（b）M社

①負荷試験が十分なされていない可能性がある。

②他図書館でも同様の問題が起きている事実をO図書館や警察に示していない。

③M社の技術者の中には性能バグ（性能上の不具合）があることを知っている人がいる。しかし，その事実が社内に伝えられていないか，あるいは社内には伝えたが，社内限りになっているかのどちらかである。M社内の風土の問題の可能性がある。

④性能バグの恐れが報道されたにも関わらず，性能バグと疑った調査をしていない。

⑤旧版を使っているO図書館や警察に対し，新版では性能問題を対処しているという事実などの情報を提供していない。契約内容によるが，新版の導入は恐らく有償となるため，O図書館にはバージョンアップを勧めていない可能性がある。

⑥１秒間に１回程度のアクセスであるにもかかわらず，攻撃であるとの説明をしている。

⑦警察官，検察官，裁判官はICT（情報通信技術）の非専門家であり，第三者の専門家に相談するようなアドバイスをしていない。特に，M社の解析結果が嫌疑の元になったので，利益相反を回避する意味でも第三者の専門家に解析依頼をするようにO図書館にアドバイスすべきであった。第三者としての専門機関には，IPA（独立行政法人情報処理推進機構），JPCERT/CC（一般社団法人JPCERTコーディネーションセンター）などがある。

（c）O図書館

①日本図書館協会の図書館の自由に関する宣言(11)には，例外として裁判所が発する令状を確認した場合があるが，「図書館は，利用者の読書事実を外部に漏らさない。読書記録以外の図書館の利用事実に関しても，利用者のプライバシーを侵さない。」とある。宣言の解説(12)では，「公務所であるからといって法の保護するところを越えてまで協力する必要はない。」としている。アクセスログを警察に提供したのは，犯罪捜査協力のためであったが，令状に基づくものではないようである。アクセスログには個人情報が含まれていることの認識が不足しており，外部に

提供する際に十分な検討がなされていない。

②調査・相談相手が関係者（特に利害関係にある関係者）のみであり，調査の公平性が疑われる。

③図書館システムには問題がなく，A氏の行動が問題であるとの9月の説明には技術的根拠が不明確であり，責任逃れの感があった。

④個人がO図書館に了解なく繰り返しアクセスしたことは問題であり，一方，法人からのアクセスは問題ないとしている。しかし，Web-API† を提供している国立国会図書館サーチ（国立国会図書館が提供している検索サービス）では，個人利用で営利を目的としていない場合にはWeb-APIの利用申請は不要で，営利を目的とした法人の場合は利用申請が必要としており(13)，これとは正反対な見解である。

⑤O図書館がシステム構築を発注する際に，技術的な検討ができる体制が整っておらず，M社任せになっていたように見える。

（d）警察・検察・裁判所

① ICTの非専門家である警察官，検察官，裁判官が，専門家，特に第三者の専門家に相談していない。警察官，検察官，裁判官もICTの理解を深めるべきであるとの意見もあるが，限度がある。

②A氏によるDoS攻撃との思い込みが強く，犯行を認めさせるような誘導があるように見える。

③当事者のM社やO図書館の説明のみで判断しており，公平性に欠ける。

事件2：図書館システムの利用者情報の流出事件

（1）事件の概要(9)(10)

M社は2005年にO図書館の図書館システムを入れ替える際に，旧システムから引き継いだ利用者情報の一部を気づかずにプログラムと一緒に製品マスターとして登録してしまった。これを複数の他の図書館に導入したため，導入した図書館にはO図書館の利用者の個人情報が混入した。これに加え，他の自治体の図書館の利用者情報が別の自治体の図書館システムにも混入し

† Web-APIとはHTTP（Webサーバと通信する際に使う通信プロトコル）通信で使われるAPI（Application Programming Interface：プログラムの一部機能を外部のプログラムから利用できる仕組み）のことである。

ていることも判明した。さらに，M社が請け負った自治体の図書館システムの保守の下請け業者C社のSE（システムエンジニア）が作業中にパスワードをはずしていたため，プログラムと共に当該図書館の利用者情報の一部がインターネットを通じて流出した。M社はプログラムがダウンロードされたことを2010年8月上旬に認識していたが，流出した情報が特定されるまで約4か月を要した。各図書館システムに残った別の図書館の個人情報は11月9日までに削除されている。これはM社とC社の責によるもので，両社はミスを認めて謝罪している。個人情報漏洩により，M社のプライバシーマークは2カ月間停止された。

（2）事件の原因[(9)(10)]

ある図書館向けに専用のソフトウェアを作成すると高額になる。そこで，最初にその図書館向けにソフトウェアを作成し，これを汎用化した図書館システム用パッケージとする。図書館はこのパッケージの使用権を得て，使用すれば安価となる。これは一般的なソフトウェアパッケージの作り方である。

M社はシステム改良時に新機能を図書館でテストし，作業後にプログラムを自社に持ち帰ったことがあり，その際にデータベースに格納されたデータを完全に消去せずに，製品マスターに登録してしまった。このため，他の図書館に導入した際に元の情報が流出してしまった。

（3）各ステークホルダーの問題点

（a）M社

①O図書館に了解を得ずに無断で実データを使用しているように見受けられる。他の図書館に対しても同様である。さらに，これは図書館システムに限ることではなく，他のシステムについても同様に実データ使用に当たっては十分な配慮が必要である。

②ソフトウェアの試験をするには実データ，もしくは実データに近いデータを使うことが望ましいが，個人が特定されないような匿名化がされていない。

③C社に運用を再発注する際に，運用ルールを作成し，C社に伝えると共に，定期的に運用ルールが守られているかをチェックするような仕組みがない。

（b）当該図書館システム使用の図書館（O図書館を含む）

①図書館システムには個人情報が入っているという認識がない。

②M社任せになっている。

システム構築，運用は発注先のベンダーだけできることではなく，発注元の協力が必要で，当然発注元にはある程度の技術的な知識が必要となる。自組織内にそのような人がいなければ，業務知識の分かる技術アドバイザーのような人に支援してもらえれば状況は変わったであろう。昨今，DX（ディジタルトランスフォーメーション）の推進が求められているが，ベンダー任せにはできないことに注意する必要がある。

考えてみよう

（1）事件1の決着にあるように，O図書館は被害届を取り下げなかったために，A氏は起訴猶予† のままである。A氏が「被害届を取り下げないことに理解を示した」対応についてどう思うか。

（2）IPA は事件1のように発信元が判明した場合の措置として，「発信元と連絡を取り，アクセス理由を確認し，事情を説明後，対応を依頼する」ことが有効であるとしている[14]。しかし，A氏のように悪意がない場合にはこの措置は有効であるが，逆に悪意がある場合にはどうであろうか。

（3）ケンブリッジ英英辞典では empathy とは「自分がその人の立場だったらどうだろうと想像することによって誰かの感情や経験を分かち合う能力」[15] と書かれている。つまり，「自分のことだけではなく，相手の気持ちを持って考えること」であり，sympathy（同情）とは大きな違いがある。M社の技術者が empathy を意識して，「A氏の立場だったらどう思うか」と考えてみたらどうなっただろうか。

（4）図書館の職員，警察・検察・裁判所の職員は ICT に関しては非専門家である。ICT の専門家であるM社の技術者と ICT の非専門家とはどのような関係となることが望ましいだろうか。

（5）個人情報保護の観点から，図書館とM社の間，M社とC社の間ではど

---

† 起訴猶予とは「被疑事実が明白な場合において，被疑者の性格，年齢及び境遇，犯罪の軽重及び情状並びに犯罪後の状況により訴追を必要としないときなど」に起訴しない処分（不起訴）であり（事件事務規定第 75 条），前科はつかないが，前歴が残る。

のような取り組みが必要だろうか。例えば，公益社団法人日本図書館協会の個人情報保護規程第14条を参考にしてみよう[16]。

本事例の記述は，倫理教育の立場から記述したものである。電気学会として本事例に対する見解を取りまとめたものではない。

事例 10：逸脱の常態化　―企業における設計担当部署の事例―

（1）登場人物

Aさん：入社2年目。最近，設計部署に人事異動となり，一通りの基礎研修を受け着任した。好奇心旺盛，やる気満々。

B主任：入社20年目。設計業務のベテランで古株。経済的な設計を得意とする。Aさんの業務指導を任されており設計書の審査を行う。

C課長：入社30年目。Aさん，B主任の上司。設計業務経験は長くないが，多くの業務を経験し見識が広い。設計書の最終承認者である。

（2）設計実務にて

C課長：Aさん，転勤おめでとう。期待しているよ。B主任に教わりながら仕事に取りかかってください。

Aさん：お世話になります。頑張ります。B主任よろしくお願いします。

B主任：こちらこそ，よろしく頼むね。さっそくだけど，仕事が山積みなんだ。まずはこの案件Dの設計をしてみてくれないか。

　設計データベースに過去の設計書がたくさんあるから，そっくり真似するといいよ。過去案件E，F，Gあたりが案件Dとほぼ同じだから，電子データを流用しなよ。設計書には機器選定の根拠になる計算書が添付されているが，計算書は表計算のワークシートで，条件の数字を変更すれば自動計算で機械的に選定出来るから。深く考えず，まず手を動かすことだね。習うより慣れろだ。

Aさん：わかりました，それなら出来そうです。さっそくやってみます。

（Aさんの行動）

Aさん：案件Dの資料に目を通したところ，設計内容は理解できたため，さっそくB主任から教わった通り，設計データベースから過去案件E，F，Gの設計書ファイルをダウンロードして内容を確認した。

Aさん：なんだ，案件EもFもGも，選定機器の容量が違うだけで，それ以外の記述はみな同じじゃないか。案件Dの計算書も，表計算の条件の数字を入れ替えるだけで大丈夫そうだ。設計書も顧客名や住所を書き換え，計算書の結果を転記するだけで良さそうだ。簡単簡単！

Aさん：表計算のワークシートに，パラメータである案件Dの条件を入力して，計算書をプリントアウトしたところ，見栄えの良い計算書ができた。設計書本文も前例を流用して早々に完成した。

Aさん：B主任，案件Dの設計書できました。審査をお願いします。

B主任：おお，仕事が早くていいね。早速審査するから，そこに置いてくれ。

（しばらくして）

B主任：Aさん，ちょっといいかな。設計書見たけれど，ミスを赤字チェックしておいたから修正してよ。単純なミスも案外気が付かないものなんだ。他にもミスがあるかもしれないから自分の目でもう一度確認してね。漢字の変換ミスや転記ミス，字句の修正忘れは定番のミスだからね。

Aさん：すみません。すぐにやり直します。

（Aさんの気づき）

Aさん：指摘されたミスなど，設計書をじっくり見直して修正した。さらに，計算書もミスがないか確認を行ったのだが……
たしかに，表計算の入力値が間違いがないことは確認できるものの，表計算で自動選定された結果が正しいのかチェックしたことにはならないではないかと疑問に思い，B主任に確認することにした。

Aさん：B主任，設計書のチェックをしているんですが，計算書の入力値はチェックできますが，計算書の計算結果が正しいかどうチェックすればいいでしょうか。

B主任：計算書の自動計算のワークシートは，何回も使った実績があるから，入力値と結果の転記に間違いがなければそれでいいんだよ。

Aさん：でも，それでは計算書の計算結果をチェックしたことにならないんじゃないでしょうか。

B主任：（いらだち気味に）計算内容のチェックなんか，いちいちやっていられないよ。そんなに気になるなら，この前の導入研修でもらった設計マニュアルの中に計算式とか書かれているはずだから，自分で手計算してみればいいじゃないか。

Aさん：わかりました。やってみます。

（間違いの発見）

Aさん：設計マニュアルを基に，案件Dについて手計算で機器選定をしたところ，表計算で自動選定された機器よりも1サイズ上の定格の機器が必要となってしまった。
自分の計算ミスだと思い再計算しても結果は同じだったため，表計算のワークシート内の計算式を，設計マニュアルと照合しチェックしたところ，お客さまが要望された場合にのみ適用できる緩和パラメータが，常に適用されてしまうようになっているのを発見した。
表計算のワークシートの計算式を，緩和パラメータが適正に設定されるように修正したところ，自動計算と手計算の結果が一致したため，修正した計算書を使って設計書を完成させた。

Aさん：B主任，設計書の修正が終わりましたので，もう一度審査をお願いします。チェックしているときに，計算書の自動計算の計算式にひとつ間違いがありましたので修正しました。

B主任：えっ。何が違っていたんだ？

Aさん：はい，設計マニュアルでは機器設置場所の周囲温度が基準温度より高くなる場合，設計上，裕度を20%増やすよう定められています。ただ，顧客が投資抑制を特に要望された場合など，顧客の了解を得たうえで裕度を増やさないとする緩和パラメータがあるのですが，表計算の計算式では，その緩和パラメータが常に有効になっていました。

B主任：顧客に聞いても，どうせコスト優先で設計してくれと所望されるから，いちいち顧客に確認せずに緩和パラメータを有効にするようにしていたんだ。裕度を増やさなくても過負荷になるわけではないし，顧客からもウチの選定機器は経済的だと好評だ。

C課長：顧客に確認せず，常に緩和パラメータを有効にしているのはまずいですね。わが社が自ら決めたマニュアルに反しており，本来あるべき姿からの逸脱が常態化していたといえます。過去案件E，F，Gは問題がないか，すぐに計算してみてください。

Aさん：私も気になり再計算したのですが，案件EとGは緩和パラメータを無効にしても選定された機器は同じになりましたが，案件Fは設計マニュアル通りに設計すれば1サイズ上の機器選定が必要でした。ただ，周囲温度が基準温度より高いといっても大した数字ではありません。

B主任：そうか，いつも大体そんなレベルなんだ。特に問題ないだろう。

C課長：ちょっとまってください。問題ないと判断するのはどうでしょう。

Ａさん：実害は無いように思いますが，なにか問題があるのでしょうか。
Ｃ課長：設計マニュアルの設計思想をよく理解する必要がありますね。
そもそも，設計上なぜ裕度を設定しているのか，例えば，想定している機器寿命を確保するためとか，必ず理由があるはずです。意味もなくコストが上がるようなルールを作ることはありません。
Ａさん：なるほど，今は問題なくても将来問題が出る可能性もあるんですね。
Ｃ課長：判明した案件Ｆに対する対応方針を早急に決めましょう。それから，過去案件Ｅ，Ｆ，Ｇ以外にも同じ計算書を使っているものがないか早急に確認する必要がありますね。
組織として，設計上の誤りが判明するまでは過失だったといえるかもしれませんが，判明した以上それを放置しているのは犯罪とも言えますね。
Ａさん：今までの自動計算の結果を安易に信用するのではなく，入力者以外が二重チェックして最終承認する必要もあるのではないでしょうか。
Ｂ主任：二重チェックといっても簡単にはできないよ。表計算のワークシートがブラックボックス化しているので，容易にチェックできるようなシートにするとか，考え方を変えないといけないね。
Ｃ課長：その通りだと思います。さしあたって，案件Ｆの対応をするとして，次のステップで，設計マニュアルからの逸脱が常態化している事項がほかにないか，チェックしてみる必要がありますね。

考えてみよう

（1） 案件Ｆで，顧客の了解を得ず緩和パラメータを適用していたことに対し，顧客に対しどのような対応をとるべきでしょうか。

（2） ルールには目的と相応の理由があります。それら背景を理解せず実施事項を丸暗記しているだけでは，本質が見えず技術者として判断を誤る可能性もあります。あなた自身の今や過去の立場で，類似した状態がないか，なかったか考えてみましょう。

（3） マニュアル違反を繰り返しているなど，“逸脱が常態化”している原因を“①わかっていて意図的にやっていた”，“②気づかないまま間違いを繰り返していた”と大別した場合，Ｂ主任は①であり，Ａさんは②に陥る可能性がありました。自分自身が①②に陥らないためにはどうすべきか，自分の所属組織が，あるいは同僚が①②に陥らないためにどうすべきか，今の自分の立場で考えてみましょう。

本事例の記述は，倫理教育の立場から記述したものである。電気学会として本事例に対する見解を取りまとめたものではない。

第3章　科学技術と技術者のこれからを考える

事例11：定量的なリスク評価

（1）はじめに

2023年5月から新型コロナ感染症COVID-19が2類相当から5類になり，人の行き来が多くなりマスクをする人も減った。もうリスクとして気にしなくてもよいのだろうか。感染症の場合，感染を広げる行動は非倫理的である。かと言って日本中がstay homeで人流抑制をすると教育・経済を始め社会活動に支障する。できるだけリスクを正確に評価し行動を判断する必要がある。例えば，感染症を避けて外出を控えても喫煙すれば桁違いに大きなリスクに晒される。技術者もリスクを評価して優先順位や対応を決める必要がある。

多くの人はリスクを漠然と危なくて避けるべきものと感じているのではないだろうか。広辞苑ではリスクを「①危険。「一を伴う」②保険者の担保責任。被保険物」としている(1)。一方リスクマネジメントに関する国際標準規格ISO31000：2018ではリスクの定義を「目的に対する不確かさの影響」としている(2)。技術者倫理では「リスク（risk）」と「危険（danger）」を区別する。「技術者倫理の世界」(3)には『ひとは「リスク」に対しては「引き受ける」ことを決心し，「危険」に対しては「避ける」とか「除去する」という仕方で対応する，というのがウィナーの分析です.』と書かれている。つまり，リスクは目的を達成しようとするときに付随する不確かな事柄を指し，望ましくないネガティブな方向だけでなく望ましい方向も含む。

安全と安心は別の概念である。安全とは自然科学で証明される客観的事実，安心とは自ら理解・納得したという主観的事実である。両者の乖離があると事故はなくならず，あるいは無駄な支出をすることになる。

100％安全は幻想である。2007年カリフォルニア州の水飲み大会で水中毒による死者が出た(4)。水中毒は日本でも珍しくはない。2015年8月，盛岡市の認可外保育施設で当時1歳の女の子が「食塩中毒」によって死亡した(5)。人間に安全な食物はない。何でも量を取り過ぎれば死ぬ可能性がある。

同様にゼロリスクも幻想である。特定のリスクをゼロにするために，他のリスクを増大させることになる。また経済的負担も増大する。例えば放射線被曝を完全にゼロにすることは不可能である。自然には，放射性元素やカリウム40，炭素14，ラドン，など放射性同位体が存在するため，ごく低い放射線被曝はさけられない。宇宙線も浴びている。日本の自然被曝の平均値は1年あたり2.1mSvである（世界平均は2.4mSv）[6]。特定の小さなリスクを気にするより，トータルリスクを下げることを気にする方がよい。

リスクは「安全か危険か」の二分論では理解できない。リスクは「可能性×重篤度」で考えると合理的にリスク対策ができる。例えば日本科学技術連盟のR-Map手法[7]は，製品のリスク対策の優先度を決めるのに役立つ。経済産業省もR-Map手法を解説している[8]。リスクの大きさがわからないと過度な対策や配慮不足が起こる。R-Mapより少し分類は荒くなるが企業経営の視点からリスクの影響度と発生頻度を考慮し，リスク対応を「リスク回避，リスク低減，リスク移転，リスク保有」の4つに分類する[9]のも効果的な方法である。**図1**にリスクの影響度に対する対応の分類を示した。建物の火災の場合で説明する。リスク回避はリスクを全く取らないことで，火災原因の設備を廃棄するかあるいは建物を取り壊して火災そのものの発生を無くす。リスク低減は少し費用を使ってリスク対策をすることであり，火災被害の低減のため消火器やスプリンクラーの設置をすることなどである。リスク移転は外注，保険を掛ける，などリスクを他に移すことであり，火災では外注か火災保険を掛けることになる。リスク保有は小さなリスクや不可避のリスクについて措置を講じずリスクを甘んじて取ることである。

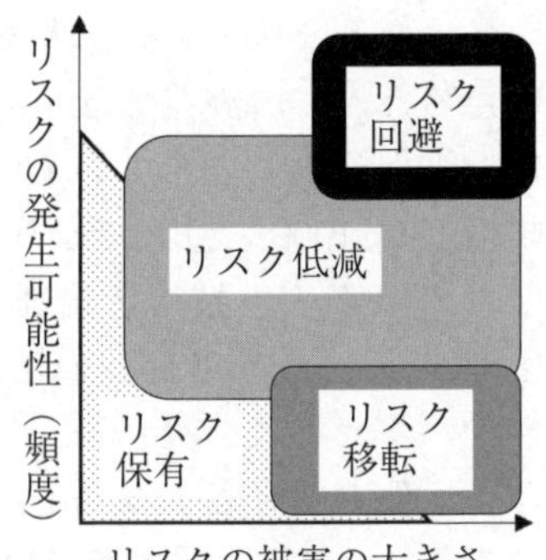

図1　リスクの影響度（発生頻度と大きさ）に対する対応の分類

リスクがどの程度まで許容されるかは，メリットの大きさによる。日本では交通事故の死者が毎年3000人程度いる[10]が，自動車は便利なので自動車を廃止することにはならない。

政策上リスクを考察する上では，ここ10年程度のことを考えるか100年あるいはそれ以上の時間的スパンで考えるかで結論が変わる場合もあるだろう。原子力発電は短期的には経済的メリットがあり二酸化炭素を発電で生成しないが，放射性廃棄物の処理の方法が確立していない現状では1万年先の人類にまで影響を及ぼすかもしれない。また，被害を人間に限定するのか生物全般を考えるのかによっても対応は変わるだろう。ダイオキシンは幸い人間には急性中毒の影響が小さいが，モルモットやラット（ラットの中でも種類により感受性の差は桁違いになる）など小動物ではLD50（半数が死亡する量）が体重1kg当たり1μg程度のものもある[11]。正に青酸カリの1万倍以上の急性毒性を示す。環境への影響が大きいと言えよう。

以上で述べたように様々なリスクに対応しようとしても，リスク評価だけでも容易ではない。本事例ではまず定量的なリスク評価の指標を解説した後，個々のリスクについて解説する。多くのリスクを取り上げることは困難なので，大きなリスク例としてがん，喫煙，飲酒，自殺，を解説する。人間の死や病気に関わるネガティブなリスクを例として取り上げる。

（2）定量的なリスク評価の様々な指標

① 年間死亡者数

厚生労働省は毎月「人口動態統計月報（概数）」を公表している。令和4年（2022）の人口動態統計月報年計（概数）[12]によれば，死亡数は156万8961人である。

主な死因とその割合は，悪性新生物〈腫瘍〉（がん）24.6%，心疾患（高血圧性を除く）14.8%，老衰11.4%，脳血管疾患6.8%，肺炎4.7%，誤嚥性肺炎3.6%，不慮の事故2.8%，腎不全2.0%，アルツハイマー病1.6%，血管性および詳細不明の認知症1.6%，その他26.1%，である。最近は高齢者の割合が増えたことから生活習慣病（がん（悪性新生物），心疾患，脳血管疾患，糖尿病など）が多いだけでな

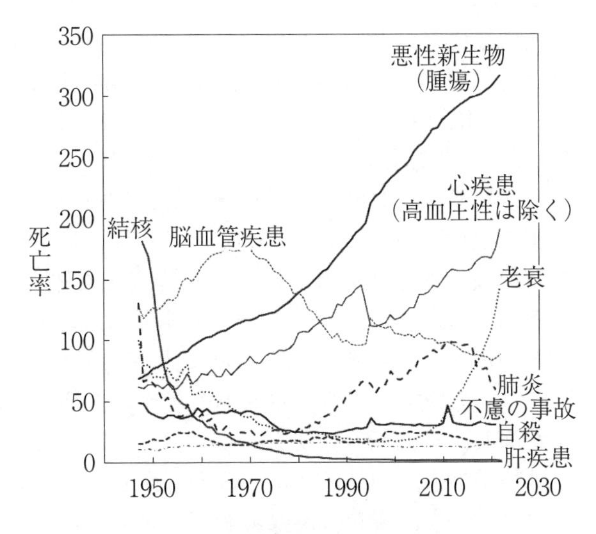

図2　主要死因別死亡率（人口10万人対）の長期推移[13]

く老衰や肺炎・誤嚥性肺炎が増加している。「人口動態統計月報年計」の死因の長期推移を**図2**に示した[13]。

「リスクのモノサシ」の著書中谷内は，リスクを比較するのに，10万人当たりの年間死亡者概数を用いることを提案している[14]。中谷内の内閣府のワーキンググループでの資料が公開されている[15]。一口にリスクと言っても定量化すると桁違いになる。喫煙のリスクが最大である。アスベストのリスクも高いことがわかる。また狂牛病と俗に呼ばれるBSEにかかった牛の肉を食べて発症する*v*CJD（変異型クロイツフェルト・ヤコブ病）は，骨肉粉を牛の飼料とせずかつ牛の特定危険部位を廃棄するようになってからは，リスクはほぼゼロである[16]。日本人では実質*v*CJDによる死者はいないが，日本では2001年から2017年まで肉牛の全頭検査（2013年7月以後は48ヵ月以上の牛のみ全頭検査）をして税金を支出していた[17]。行政が，安全が確保されてから単なる安心のため，実際は意味のない全頭検査を長年継続し，安全の理解を広めるリスクコミュニケーションをしなかった例である。BSEに対する政府とメディアの対応に関する詳しい経緯は参考文献18に記載されている[18]。

② 損失余命

人の健康リスクを平均余命の短縮によって評価するのが損失余命である。たとえば日本である種の病気で亡くなるのが年間1000名の場合，リスクは人口（1億2500万人とする）で割って8×10^{-6}であり，発症後平均して余命が約15年縮むとすれば，15年$\times8\times10^{-6}$で約1時間の損失余命に相当する。多種多様な健康リスクを統一的に比較できる。

死に至らないリスクも含めて，日本における化学物質のリスクランキングを産業技術総合研究所の蒲生らが作成した[19]。環境省ホームページにも蒲生の損失余命リストが日本語で公開されており[20]**表1**に示した。これによると，古代から毒殺に使われたヒ素（地下水やヒジキに微量含有），イタイイタイ病のカドミウム，水俣病のメチル水銀も含め，リスクには5桁以上の差がある。農薬（クロルピリフォス，DDT類，クロルデン，いずれも現在では使用禁止）のリスクは一般の人が思っているよりも遥かに小さいのではないだろうか。現在の農薬は有機リン系など分解しやすいものが多く，農産物の残留農薬はもうあまり気にしなくてよい。また，日本中の焼却炉が撤去され大騒ぎになったダイオキシンも損失余命1日に過ぎない。一方喫煙のリ

表1　損失余命（日）で表した化学物質のリスク

リスク	損失余命	リスク	損失余命
煙（全死因）	＞1000	カドミウム	0.87
喫煙（肺がん）	370	ヒ素	0.62
受動喫煙（虚血性心疾患）	120	トルエン	0.31
ディーゼル粒子（上限値）	58	クロルピリフォス（処理）	0.29
ディーゼル粒子	14	ベンゼン	0.16
受動喫煙（肺がん）	12	メチル水銀	0.12
ラドン	9.9	キシレン	0.075
ホルムアルデヒド	4.1	DDT 類	0.016
ダイオキシン類	1.3	クロルデン	0.009

スクが桁違いに大きく，次にディーゼル排気ガス中の粒子の危険性が大きい。放射性元素のラドンも一般には周知されていないが，肺に入り崩壊すると放射性金属元素となり体内から出てこなくなる。ホルムアルデヒドはかつて建築材料のポリマーに使用されシックハウス症候群の原因の一つであった。

③ 超過死亡数

医師は診断書に直接の死因しか書かない。インフルエンザに感染したことによる死者は，死因が肺炎などになっている。従来は超過死亡数（従来の死亡者数よりどれだけ死者が多いか）でインフルエンザによる年間死者数を見積もっており，年間1万人を越えることもあった。新型コロナウイルス感染症 COVID-19 の流行により手洗い・消毒・マスクが奨励された結果 2020 年春から 2022 年末までインフルエンザ感染症は広がらなくなった。しかし超過死亡はゼロではない。2022 年の医学誌 Lancet によれば，2020 年と 2021 年の日本の超過死亡は 111,000 人（103,000 人から 116,000 人）であり[21]，COVID-19 の死者と扱われている。これは日本政府発表の COVID-19 の死者数 18,400 人のほぼ 6 倍になる。超過死亡の見積もりは簡単ではない。

④ その他のリスク評価指標[22]

（2）の②の損失余命は，生きていられさえすればどんな健康状態であってもすべて１年の価値は同じとカウントする。非致死的な障害を考慮するため，入院中などの余命１日を0.8日などと割り引いて評価することを生活の質（Quality of life＝QOL）と呼びこれを考慮した余命をQALY（Quality-Adjusted Life Year）と呼ぶ。健康リスクの指標に用いることには批判もある。1990年代に世界保健機関（WHO）と世界銀行は「障害調整生存年（Disability Adjusted Life Years, DALY）」という指標をもとに医療の質を定量化するようになった。医学雑誌でもDALYが使われている。障害者への差別との批判もある。

（3）リスク各論

① 悪性新生物（がん）

厚生労働省「人口動態統計月報年計」にあるように，日本人の死因の１位は悪性新生物（がん）であり，2022年は38万6000人ががんで亡くなっている。日本人だけでなく多くの先進国でがんは主要な死因となっている。近年年々増加しているのは高齢者が増加しているからである。1985年の年齢別人口分布を基準にして年齢分布を調整した人口10万人当たりの死亡率で見ると，**図3**に示すように医学の進歩によりがん死亡率は減少している[23]。厚生労働省のホームページにはさらに詳しい国際比較の図が紹介されている[24]。

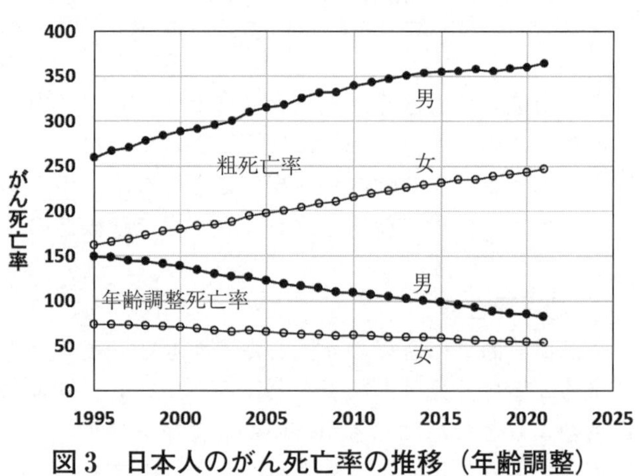

図3　日本人のがん死亡率の推移（年齢調整）

※引用・参考文献（23）をもとに著者が作成。

喫煙に関しても，喫煙者は減っているのに肺がん患者や肺がんで死ぬ人は増加しているから，喫煙が肺がんの原因ではない，と主張する人がいる。これも年齢分布を補正すると肺がんの死者は年々減っていることがわかる[24]。

② 喫煙

医師の死亡診断書には出てこないが，喫煙は生活習慣病の非常に大きな因子である。WHO によると世界で毎年 800 万人以上の人がタバコにより死んでいる（直接喫煙で 700 万人以上，受動喫煙で約 120 万人以上）[25]。アメリカの CDC（アメリカ疾病予防管理センター）は，アメリカで毎年 50 万人近くが喫煙又は受動喫煙で死亡しているとしている[26]。

2012 年の Ikeda らによれば，日本では年間 129,000 人が喫煙に起因して死亡している[27]。2021 年の医学誌 Lancet には世界各国の喫煙による死者数が報告された。日本の死者数は 199,000（185,000-216,000）となり，年間 20 万人が喫煙を原因として死亡していることになる[28]。2022 年 Nomura らは喫煙に起因する日本の 2019 年の年間死者数は約 19 万人と報告している[29]。

日本医師会のホームページでは，「国内で喫煙に関連する病気で亡くなった人は年間で 12 万人～13 万人」と記載されており[30]，これは「厚生労働省：健康日本 21（第 2 次）の推進に関する参考資料」[31] に基づいている。国際的に著名な医学誌の論文に基づかないのは残念である。日本医師会のホームページの同じページに，約 21 万人が慢性閉塞性肺疾患（COPD）の治療を受けているとの説明もある。使用者が依存症になる割合がニコチンは麻薬のヘロインやコカインよりも高いと説明されている[30]。

2016 年のたばこ白書には喫煙と収入には負の相関があることが報告されている[32]。つまり経済的に苦しい人に喫煙者が多い。また，学歴と喫煙に負の大きな相関があることも報告されている[32]。喫煙の心理学的研究では，イギリス[33]，スウェーデン[34]，イスラエル[35] などで知能指数と喫煙に負の相関があるとの調査がある。合理的な判断をする人は喫煙しない傾向がある，とのことと思われる。

上記のたばこ白書には経済的な分析もされていて，たばこ税の収入と喫煙に起因する医療費，介護費用，火災などの損失がほぼ同額であることが示されている[32]。病気や死亡による GDP のロスは計上されていないが，日本の国として考えるとタバコは経済的にも大きなマイナスとなる。たばこ白書には，2010 年，医療経済研究機構が，喫煙による経済的損失総額を 4 兆 3300 億円と見積もったことが紹介されている[32]。

喫煙者の減少により喫煙者への批判が多くなった。禁煙教育は企業でも学校でも推進すべきではあるが，喫煙者を差別しないよう配慮が必要であろう。

日本でも2016年頃から喫煙者を採用しない企業や団体が増えてきた。ニュージーランドは2009年1月1日以後に生まれた人へのタバコの販売を禁止した[36]。タバコのない社会へ世界は向かいつつある。

百害あって一利なしの喫煙は，予防できる最大の死亡原因である。1979年にアメリカのジョセフ・アンソニー・カリファノ保健教育福祉長官は，「喫煙は緩慢なる自殺」と演説の中で述べている[37]。

③ 飲酒

喫煙と並んで飲酒も人命に関わる大きなリスクである。WHOによると毎年300万人の人命がアルコールに起因して失われている[38]。アメリカのCDC（疾病予防管理センター）によれば，アメリカで毎年約18万人が過度の飲酒で死亡している[39]。

日本の年間死者は，2012年のIkedaらの論文では飲酒に起因する事故死や自殺も含めほぼ3万人である[27]。人口当たりの死亡率でもアメリカに比べて少ない。日本での喫煙による死者約20万人に比べると15%になる。簡易版「アルコール白書」によると，2008年の日本でのアルコールによる年間死亡数は約3万5000人と推計されている[40]。米国における疾患単位ごとのアルコール寄与率を用いており[40]，やや過大評価になっていると思われる。

「酒は百薬の長」との言葉もあるが，少量の飲酒なら健康に良いと現在でも言う人がいる。ビール酒造組合のホームページ[41]には，少量の飲酒が健康にプラスになるとのJカーブの図が2005年の論文[42]に基づいて紹介されている。ところが，2018年の医学雑誌Lancetでは全死因に関してJカーブを否定する論文が出ている[43]。厚生労働省も日本医師会も，2023年になりJカーブを解説したサイトを次々と廃止している。会話を楽しみながら飲酒するのであればメンタルにはよく，心身の健康に少しはプラスになることを願うが，年間3万人の死者数はとても重い。

④ 自殺

WHOによると世界では毎年70万人以上が自殺している[44]。

厚生労働省の年間死亡率の推移では下位になるが，戦前戦後と日本でも自殺が多い。自殺率と他殺率の国際比較を**図 4** に示す（人口 1000 万人以上の国に限定した）[45]。日本は，他殺は世界で最も少ない国の一つであるが，自殺は主要先進国で 1 番多かった。最近アメリカと日本の自殺率の値が近くなった。世界の自殺率 1 位は韓国である[46]。

日本の自殺は前述の「人口動態統計月報年計」によれば 2022 年で 2 万 1000 人である。これは交通事故の死者 3000 人弱より遥かに多い。交通事故対策には多くの税金が使用されていることは道路を見れば明らかであるが，自殺対策は日本では十分ではないと思われる。

日本と韓国は青少年の自殺率も非常に高い[46]。出生数が非常に少なくなった日本ではなおさら若者が希望を持って勉強や仕事に励める社会が望まれる。青少年の自殺対策にはこころの健康相談統一ダイヤルやスクールカウンセラーの配置等だけでなく，教職員が一人一人の児童・生徒に配慮できる余裕のある少人数教育体制と，日本式の画一的な教育ではなく欧米型の個別教育への移行など，抜本的な政策が必要であろう。

警察庁刑事局捜査第一課調べによると，2020 年の警察取扱死者数は全国

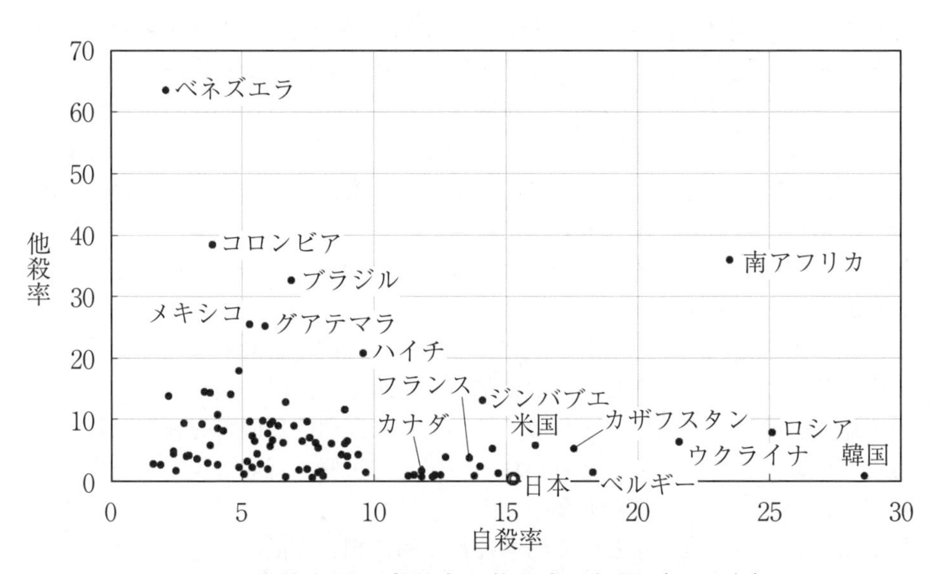

図 4　世界各国の自殺率と他殺率の相関（2019 年）
（自殺率と他殺率は人口 10 万人当たり）

※引用・参考文献（45）をもとに著者が作成。

で約 17 万人もいる（交通関係，東日本大震災による死者を除く）[47]。セルフネグレクトによる死などは自殺に近いのではないだろうか。

（4）終わりに

定量的なリスク評価は重要ではあるが，人間の死と言う非常に重い事態に関して多様な意見がある。定量的なリスク評価の限界（全ての可能性の網羅は不可能，ヒューマン・ファクターは避け難いなど）は既に指摘されている[48]。定量的なリスク評価の悪用として，アメリカで自動車の設計不良による死傷者数を推定して賠償金を算出し，リコールよりも賠償金を払う方を選択した例がある[49]。その企業は結局経営上大きなリスクを背負うことになった。また，がんのように複数の原因があり発病までに時間がかかる場合，喫煙や放射線被曝が原因かどうか特定することは困難であり確率的な話になる。さらに一般の人への説明において統計的な情報では寄付などの行動を喚起することは難しく情緒に訴える必要があることが心理学で示されている[50]。子宮頸がんのワクチンは副反応のリスクよりも子宮頸がんで死亡するリスクの方が遥かに高い[51]が，日本では副反応が報道されて騒ぎになるとワクチン接種は中止された。最近厚生労働省が 2023 年 4 月からの無料ワクチン接種を決定した[52]ことは望ましい。麻疹もほぼ絶滅状態の国もあるのに，日本ではワクチンの副反応が騒ぎになって接種していない世代がある。国際的には日本は感染症対策が遅れ気味である。何事にもゼロリスクはあり得ない。政府や自治体など行政に関わる方は，市民がリスクの小さい方を納得の上選択できるようにしていただきたい。リスクコミュニケーションには科学的・技術的・統計的な説明だけでは不十分であり，市民感情に配慮した心理的な説明も望まれる。

以上を踏まえた上で，政府や地方自治体など行政は統計的データを重視して定量的なリスク評価をし，科学に基づいた政策や対応を決めていただきたいと思う。政府や自治体など行政では，高度に専門的な内容を理解し判断することは難しい場合が多いと思われる。また市民側も行政の説明や発表を信じて良いのか，と思うことも多いだろう。リスク対応では行政側が，行政の外部にいる学会，業界などの専門家と積極的に相談，活用，連携などをされることを願っている。

2022 年日本の出生数が 78 万人を割った[12]。母親の年齢層が急劇に減るので今後急激に人口減少が進むであろう。団塊の世代の出生数ピークは

1949 年の 270 万人，団塊ジュニアの出生数ピークは 1973 年の 209 万人であった[53]。本事例ではリスク評価で死者数の説明をしたが，現在の日本の最大リスクは，若い人達が安心して子供を産み育てることができないことであろう。

考えてみよう

（1） 図 4 の自殺率と他殺率のように，各国のデータを比較すると日本の特徴がわかる。自分の関心のあるリスク，あるいはリスクではないが GDP（国内総生産）や二酸化炭素排出量など主要国の数値を調べ，国ごとの数値と人口当たりの数値を比較してみよう。

（2） 自分の気になるリスクについてデータを調べ，他のリスクと数値を比較してみよう。さらに，何人かでそれぞれ自分が気になるリスクとその理由について述べ，意見を交換してみよう。

（3） 地震，火災，交通事故などの重篤度とその頻度を調べ，リスク対応について「リスク回避，リスク低減，リスク転移，リスク保有」の 4 ついずれかに分類してみよう。さらに経済産業省の R-Map の表の例を参考にして，大まかな R-Map を作成してみよう。

（4） 放射能や COVID–19 は，一つのリスクのみ過度に対策がされがちな例である。他にもこのようなリスクがあるだろうか。放射線被曝のリスクや COVID–19 の感染リスクなどの一つのリスクのみ対策することで，経済や教育など社会にどのような影響があるだろうか。

本事例の記述は，倫理教育の立場から記述したものである。電気学会として本事例に対する見解を取りまとめたものではない。

事例 12：若手技術者が挑み続ける長い闘い

2011 年 3 月 11 日午後 2 時 46 分に発生した巨大地震に関して，あなたにはどんな記憶が残っているだろうか。「平成 23 年（2011 年）東北地方太平洋沖地震」，三陸沖の海底を震源地とするマグニチュード 9.0 の巨大地震は，宮城県で最大震度 7 を記録し，東日本に甚大な被害をもたらした。東日本大震災である。中でも東京電力福島第一原子力発電所（福島第一原発）を襲った巨大津波による被害は世界中を震撼させた。地震発生から約 50 分後，想定外の高さの津波が防波堤を乗り越え，原子炉が設置されている敷地のほぼ全域を浸水させたのである[(1)]。この地震により，定格出力運転中だった 1 から 3 号機の原子炉 3 基は自動停止したが，その後の津波により，炉心の冷却を担っていた非常用のディーゼル発電機，および電源設備全体が使えなくなったため，原子炉へ冷却水の供給・除熱機能が消失[†]。原子炉はメルトダウンを起こし，大気中に大量の放射性物質を放出するという[(2)]，ソビエト連邦チェルノブイリ（現ウクライナ共和国チョルノービリ）原発事故に次ぐ，世界で 2 番目の深刻度と認定される原発事故となった[(3)]（**図 1**）。政府は，事故直後から半径 20km 圏内の住民に対し避難を指示（20～30km 圏内の住民には屋内退避指示），事故から 2 年経ってようやく，被ばく線量の数値を

a．事故前（2009/11 撮影）

b．事故後（2011/3/15 撮影）

図 1　事故前後の 1F（左から 1,2,3,4 号機）[(4)]

† 原子炉が停止して連鎖的な核分裂反応が起こらなくなっても，燃料棒の中では核分裂生成物のうち放射性の核種が崩壊熱を出し続ける。この崩壊熱が除去できなくなり，炉内の温度が上昇しメルトダウン（炉心溶融）が起きた。

見ながら地域ごとに避難指示の解除を始めた。その後，段階的に避難指示解除の地域は広がってきたが，事故から12年経過した2023年6月の時点でもなお，福島第一原発がある大熊町と双葉町，隣接する浪江町他を含む地域に避難指示が続いており，2万7千人余りに元の生活が戻っていない(5)。この国において，東日本大震災は決して過去の話ではない。

東京電力は，事故直後からメルトダウンした原子炉の応急対応を続け，2011年12月に福島第一原発の全原子炉の低温停止を達成したことを報告。政府と東京電力は，これまで実施してきた，放射性物質の放出が管理され，放射線量が大幅に抑えられている状態を目標とするプラント安定化に向けた取組から，プラントの安定状態を確実に維持する取組への移行を表明し，福島第一原発を「廃炉」としていくための「廃止措置等に向けた中長期ロードマップ」を策定した(6)。このロードマップには，30～40年後に廃止措置終了の計画が引かれており，この作業は今も現在進行形で進められている(7)。

東京電力は，「福島第一原発における廃炉」とは，地域の皆様や環境への放射性物質によるリスクを低減するための作業と説明し，次の4つを代表的な作業として挙げている(8)。

①燃料取り出し（使用済燃料プールから燃料を取り出す）
②燃料デブリ取り出し（燃料等が溶けて固まった「燃料デブリ」を取り出す）
③汚染水対策・処理水対策（人や環境に与えるリスクを低減）
④廃棄物対策（可能な限り廃棄物の量を減らして安全に保管）

これらの作業はいずれも，震災前から福島第一原発に関わっていた協力企業が中心となって進めている。地震で設備の倒壊や破損が多く見られる施設において，福島の環境と作業員の安全への配慮から厳重な被ばく線量管理の下で行わなければならないことが，これら作業を複雑化している。中でも最大の難関は②燃料デブリ取り出しといわれている。この難関に対して，事故後から一歩ずつ調査を積み重ね，燃料デブリが落ちていると予想される場所にある堆積物を掴んで持ち上げることを実証し，燃料デブリ取り出しの実現に向けて，大きな期待を抱かせたチームがいる。このチームの中核を担う若手技術者達に，これまでの自身の経験やこの先の廃炉技術開発に対する熱い思いを語ってもらった。

政府と東京電力が示している福島第一原発廃炉のロードマップでは，原子炉から燃料デブリを取り出す初号機は，2号機と計画されている(9)。この2号機の燃料デブリ取り出しに向けた格納容器内部調査のチームを震災直後から一貫して率いてきたのがAさんである（**表1**）。前職では工場で使う自家発電システムの建設や保守を担当。低コストでクリーンなエネルギーとして原子力に惹かれ，26歳で2008年に原発プラントメーカーに入社。中学から大学まで剣道部主将を務めたスポーツマン。中学生の時に岡山で阪神・淡路大震災を経験。被災地で活躍する自衛官の姿が，当時の憧れだったと語る。

2011年3月11日の当日は，僕はちょうど5号機の保守点検中で，福島第一原発，通称1F（いちえふ）にいたんです。1Fの正門近くにあった会社の事務所で揺れを感じました。パーティションが倒れてきたりガラスが割れたりとか，天井が落ちてきたりとかして，「死ぬかもしれない」と生まれて初めて思いましたね。地震の後，すぐに駐車場に避難して2時間ぐらいいたんですけど，その間に津波が来ていたはずなんですが，事務所も駐車場も高台にあったので，原子炉建屋まで津波が来ていることに気づいてなかったんです。富岡町の寮に移動してから本社に連絡したら，「DG† が一個しか動いていないんだ」と言われて，なんでだろうと思いました。すぐにDGの話を一緒にいた同僚に伝えました。皆，「原子炉が冷却できなくなるぞ。これは結構まずい」と考え始めていたと思います。具体的にどうなるかとかは誰も口にしませんでしたけど，皆沈んでましたね。この時，僕は1Fに携わって3年目で，まだそんなに詳しい訳でもなかったですし，まずいな…という気持ちはありましたが，水素爆発するとまでは思いもよらなかった。

だから翌日，いわき市のホテルで1号機が爆発した映像をテレビで見た時はさすがにショックで…，この会社に来てから平日の殆どは1Fにいる生活だったのですが，その現場でこんなことが起きてしまった…，言葉が出なかったです（**図1**）。ただ自分が原発をやろうと決めて転職した会社ですから，これからここ1Fで何をやるにしてもそれは自分の仕事だ，という思いは不

† Diesel Generator，非常用のディーゼル発電機

思議とその瞬間からあったんですよね。

都内にある本社では，地震当日から緊急対応の体制が作られていて，東電さんの本店にも人を常駐させ，24 時間体制で東電さんと多くの調整を始めていました。このころの本社の様子は，沈むどころか逆にテンション高くて。一種の興奮状態にある感じでしたね。超長時間勤務になっていました。今の時代じゃありえない。最盛期には，今の 5 倍以上の社員がこの体制の中で働いていて，3，4 か月，皆が足並み揃えてやっていました。自分たちが建設して長く面倒を見てきたプラントが，ああいう事故にあって，こういう状況になってくると，ほっといたら誰かがやってくれるってことでもないですし，まあ日本の危機でもありましたし，みんな「自分達がどうにかしないと」という気持ちだったと思います。

震災後に僕が初めて 1F に戻ったのは，4 月 1 日でした。もう東電さんの APD†1 貸出装置は動いていましたし，自社の放射線管理員さんも常駐してくれていて，個人ごとの被ばく線量の集計もしてくれました。ただ，当時はとにかくまだ構内に線量が高いところが多くて。至るところに 10mSv/h を超える場所がありました。僕は 5，6 号機が安定に冷却されていることの点検を済ませた後，2 号機，3 号機で作業員が足りないからと駆り出され，地下の滞留水を移送するホースを引いたり，冷却水の配管の工事を手伝ったりしていたのですが，そうこうしているうちに，僕自身の被ばく線量の積算値が増えてきてしまって，結局 2 か月で都内の本社に戻ることになりました。

7 月からは福島第二原発の事務所に滞在して，夏の間は 1F 内の様々な応急処置について東電さんとの調整役をやっていました。9 月に本社に戻ってくると今度は上司から「2 号機 PCV†2 の内部調査を始めることになった，統括リーダーを頼むからよろしく（**表 1－（1）**）」という話をされました。「わかりました」とは答えたのですが，直前まで現場にいただけに，「マジで言ってるんですか？」というのが最初の本音でしたね。僕はずっと現地にいましたが，当時は原子炉建屋に人間が簡単に近づけるような状態ではなかった。それなのに，PCV に外から内部まで貫通する穴を開け，そこから内視鏡を入れて PCV の中の状況を確認するなんて計画は，とてもとても現実の話とは受け取れなくて（**図 2**）。

†1　Alarm Pocket Dosimeter，警報付き個人線量計
†2　Primary Containment Vessel，原子炉格納容器

表1　2号機格納容器内部調査の実績

	時期	調査内容	調査に使用した主な機器	使用した主な貫通孔
(1)	2012年1月(1回目)	ペデスタル[†]外の情報収集	内視鏡 温度計	X-53
(2)	2012年3月(2回目)	ペデスタル外の情報収集	内視鏡 温度計，線量計	X-53
(3)	2013年8月(3回目)	ペデスタル外の情報収集 滞留水の採取	内視鏡 温度計，線量計	X-53
(4)	2017年1月から2月(4回目)	ペデスタル内の情報収集	自走式ロボット	X-6
(5)	2018年1月(5回目)	ペデスタル内の情報収集	吊り下げ式調査装置 (テレスコピック機構)	X-6
(6)	2019年2月(6回目)	ペデスタル内の情報収集 堆積物の接触調査	フィンガー付き 吊り下げ式調査装置 (テレスコピック機構)	X-6

引用・参考文献（10）をもとに著者が加筆。

それでも準備を始めようとなって，2011年9月に上長と放射線管理員さんと僕の3人で，2号機の建屋内に入って，実際に調査をするとなった時の作業場所を見に行きました。この時の緊張感は今も忘れないです。真っ暗でものすごく静かでひんやりしていて，自分たちが出す音だけが響く。不気味な感じがしました。放射線防護服と全面マスクをして，それぞれ自分の胸の前にAPDを付けているんですが，APDの上を防護服が被っているからAPDのデジタル表示が見えないんです。でもAPDは設定された被ばく線量上限値を5分割してアラームを鳴らしてくるので，すぐにピーピー鳴り出す。でも3人いると誰の何回目のアラームなのかわからなくなっちゃうんですよ。最初に建屋内に入った時には，とても現場の寸法を測るなんてところ

† 原子炉圧力容器を支える鉄筋コンクリート製の基礎部分で円筒形をしている。図2参照

までいけず，PCV 脇になんとか作業できそうなスペースがあるということだけを目で確認してくるのが精一杯でした。

実際に内部調査を行うまでには，ここから4か月ぐらいかかりました。まず始めたのは，作業スペースの除染でした。水で濡らしたモップで床をモップ掛けし，高線量の場所には鉛マットをかぶせていきました。こうした作業を繰り返し続けました。

並行して進めていったのが，調査の時のリスクの洗い出しです。元々PCV にあった貫通孔の蓋をそのまま外すのではなく，PCV から出てくる放射性物質をなるべく浴びないようにするために，蓋に小さな穴を新たに開けることは早々に決まりました。例えばその小さな穴を開ける工程にしても，途中で汚染水が漏れ出してきたり，火花で水素爆発したり，作業員が内部から出てきた放射性物質で被ばくしたり，とリスクはいろいろ考えられたのですが，「安全」に直結するリスクは絶対に回避しなければならない。貫通孔の蓋にドリルで穴を開ける時には，窒素パージできる密閉空間を蓋の前に作り，機密保ったままドリルの抜き差しや回転ができるような構造にすればいいんじゃないかと想像は割と簡単にできるのですが，穴を開ける相手は事故を起こした原子炉なので，図面はあてにできないし，PCV 内が今どんな様子になっているかは誰にもわからない。この時は，ベテランを交えて多い時は20人以上のチームでしたが，いくら議論を続けてもみんな不安が残ってしまって。だから自然と，現場で見てきた情報や，工場内にモックアップを使って実験した結果を中心に議論を纏めて，次の方針を決めていくようになりましたね。より現物に近い装置で確認したい場合には，安全な状態の5号機で模擬実験することもやりました。

そういった検討を重ねて調査の方針が固まった後は，調査本番前の3週間をかけて当日の現場での動きの訓練を集中してやりました。除染を続けても当時まだ，作業スペースの放射線量はとても高く，作業を数分毎に区切って作業員にどんどん交代していってもらうのは必須で。高線量のところで作業する時って，なんかまごついちゃうとすぐに被ばくしちゃいますし，思ってないことが起こったりすると頭が真っ白になっちゃったりとかするので，そういうことがないように，事前に手順をすべて確認し，よくわからないことが起こったら，とりあえず手を止めて帰ってくるとかの取り決めを徹底しました。班に分けられた総勢50名ほどには，社内の工場に作ったモックアップを使って，現場監督の読み上げる手順書の指令通りに，作業員が一つ一つ

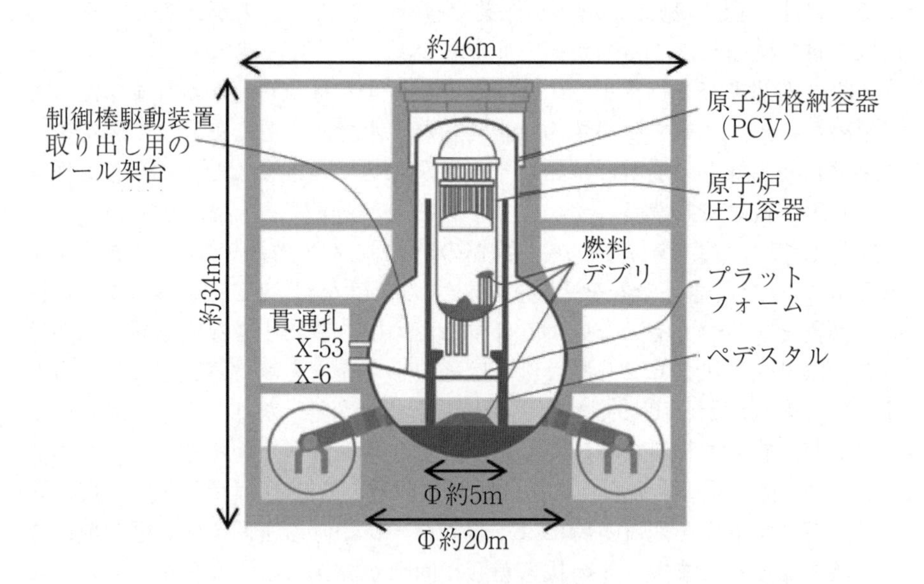

図2　2号機の状況

※引用・参考文献（10）をもとに筆者が加筆。

の作業を確実にこなせるようになってもらいました。この訓練の時から，作業員たちは当日と同じ放射線防護服と全面マスクを身に着け，全てを本番の調査と同じ条件でやってくれて。作業員一人一人の被ばく線量の上限値を決めていて，作業時間は秒単位まで管理していました。

2012年1月，穴あけ本番の日は朝4時半に集合，6時から作業を開始しました（**表1－（1），図2**）。穴を開ける貫通孔X-53の蓋は，鉄板で厚さ30ミリほど。この時の作業員にも恐怖や心配はあったに違いないんです。でも彼らからは，自分の仕事の意義を強く感じている様子が伝わってきて…，勇敢，という表現がしっくりくる人達でした。全ての穴あけ作業が終わった時，とこからともなく拍手が上がって。その時は胸が熱くなりましたね。

その2日後ですね。用意した直径23ミリの穴から8.5ミリの外径の内視鏡を挿入，遠隔操作室のモニターには当初の計画通り，PCV内部の構造物を写すことができたんです。温度計で温度のデータを取ることもできました。慎重に慎重に内視鏡を挿入していったので，最初に視界が開けるまでに2時間かかりました。カメラの映像の視界がパッと開けて，錆色の濡れた壁面と，同じ色をした配管などが画面に映ると，遠隔操作室内に「おおーっ」という声が上がって。構造物の色が黄色っぽくて，全体が汚くて。塗装も剥げているし，「事故から一年足らずでこんなになっちゃうんだ」というのが第一印象でした。でも，内部の構造物が元の形で残っている様子が確認できた(11)。調査は3時間ほどで終えましたが，気を張っていたので，みんな疲れ切っていましたね。

僕が驚いたのは，この内視鏡調査の翌日の1月20日だったんです。全国紙の一面に僕らが撮った写真が載っていました(12)。当時僕はまだ30歳になったばかりで，同じ年代の普通のサラリーマンで自分の仕事が新聞の一面を飾るなんて，普通はなかなか無いじゃないですか。このことをどう受け止めていいのかわからなかった。誇らしいような話ではあるけれど，事故を起こしてしまった1Fでの話でもあって，誇らしい，とは違う。当時は何とも言えない思いでいました。

でもだんだんと時間に経つにつれて，「1Fで事故を起こしたPCV内に外からカメラなどの装置を入れて遠隔で操作する」ということが，やり方次第では可能だという認識が廃炉関係者の中に広まってきて。その時にようやく，僕らがやり遂げた調査の価値を，僕ら自身で理解できました。一度できてしまえば，「あー，なーんだ」っていうような話なんですけど，この調査の前までは，「事故でどんなことになっているかわからないPCVの中を見に行くなんて本当にできるのか？」とみんな思っていたし，だから僕らも用心して，小さな穴をあけて，小さな内視鏡を入れたわけです。でもこの調査の後は，もっと線量の多い場所へ本格的に穴を開けてという技術開発がいろいろなところで始まりました。

僕らのチームが次に目指したのは，PCV中心にあるペデスタルの内部の調査でした（**表1－（4），図2**）。より多くの情報を得るために，燃料デブリが堆積している可能性が高い場所を調べる必要があった。僕らの調査では，その時の目的に合わせて，既に市場にある要素の技術を，どう組み合わせていくか，どうやって使っていくかを考えて全体設計するというところが，本番に向けての準備になります。準備自体は2014年から始めていましたが，途中で，調査のための作業スペースの放射線量が高くなっていることがわかって。2012年の穴あけの時よりも線量が高い場所で大きな径の穴を貫通孔

X-6の蓋に開ける必要があったので，作業員がより離れた場所から作業できるように，穴あけ工程用装置も用意したんですよ。調査本番は，予定より1年遅れの2017年の年明けすぐとなりました。

実は，この時の調査は，2012年の内視鏡の時と違って，今度は「失敗」としてマスコミに大きく報道されてしまったんです(13)。この時の調査に使った自走式ロボットは，もともと保守のためにPCV内に設置されていた約70センチ幅の制御棒駆動装置取り出し用のレール架台の上を進んでペデスタルまで近づいていくコンセプトで新たに製作したものだったのですが，クローラ（カタピラ）がレール架台の上の堆積物を噛んでしまって，2メートルほど進んだ後で動かなくなった。当初のペデスタル内部を見に行くという目的が果たせなかったので，それを「失敗」だと。

僕らは，調査全体として失敗，とは思っていなかったんですけどね(14)。高線量の中，この調査時に貫通孔X-6の蓋に新たに開けた穴は，この後も何度も使いましたし。ロボットが走れないほどの堆積物がレールにあったということだけでも，僕らには新たな情報で，この時の調査の成果でした。これを次の調査に活かせばいい。実際，僕らはこれで，別に開発を進めていた吊り下げ式調査装置にリソースを集中すると決められた。こういうステップ・バイ・ステップは技術開発では誰でも普通にやっていることだと思うんですが，「1F廃炉」に関しては，世間に通用しないということをこの時に痛感しました。当時は悔しくも思いましたし，ストレスにも感じました。でも一方で，それだけ社会から注目されている仕事を任せてもらっているんだと，あらためて身が引き締まるというか，そんな気持ちでいましたね。

吊り下げ式調査装置に開発の舵を切ってから1年後，僕らはPCVペデスタル内部の調査に再びチャレンジし，今度は無事映像を撮ることができました（**表1―（5）**）(15)。そしてそのまた1年後の2019年には，同じ吊り下げ式調査装置に把持機構（フィンガー）を付けて，これまで映像で見ていただけだった燃料デブリの可能性がある堆積物を積極的に掴みにいって持ち上げて動かしていることを，誰が見てもそうとわかるように実証できた(16)(17)（**表1―（6），図3**）。「ようやくここまできるようになったのか」と感慨深い気持ちになりましたね。ここまで8年でしたから…。

2号機のデブリは200トンぐらいあるといわれていて，まだまだ先は長いと僕も思います。ただ，震災直後から「1F 廃炉」の仕事を 10 年ちょっと続けてきましたが，「本当にこんなことできるのだろうか」と最初考えたことが現場で実現されていく過程を，僕は何度も見てきたんですよね。これまで誰もやったことがない，現実的とは思えない調査も，一つ一つ目の前の課題を解決していくことで実現できた。だから僕は，最初から「できない」と考えてはいけないと，思うようになったんです。その積み重ねで，「1F 廃炉」，何年かかるかわからないですけど，絶対にできると思います。

それともう一つ，先が長いということは，僕は震災前からこの 1F の現場に関わってきた中では若い方の世代になるんですけど，その僕らの世代でも現役のうちには終わらない可能性もあるわけです。だから震災前の政策や 1F の事故に全く関係ない世代の人に引き継いでいってもらわないといけない。

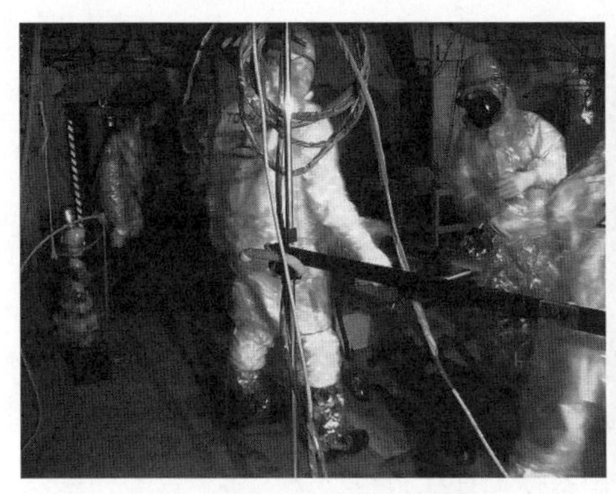

PCV 脇 X-6 ペネ前での作業

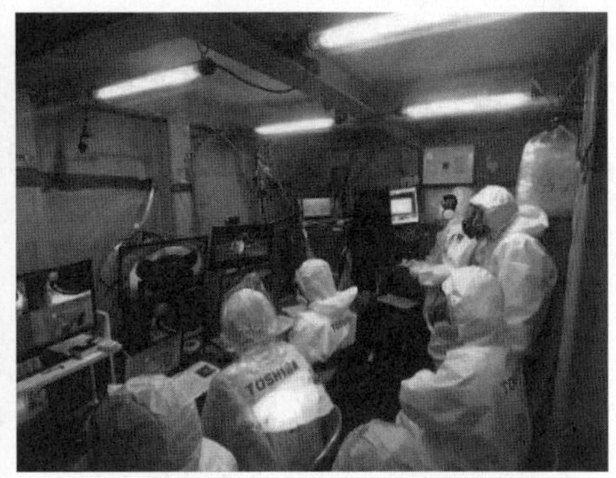

2 号機南側に設置した現場本部

図 3　調査当日の様子(16)

それには，どれだけの人に 1F で技術者としてやっていきたいという気持ちになってもらえるか…。ここ最近，もう僕は若手とは呼ばれない年齢になってしまったんですけど，これからは僕らの世代がこういう役割を果たしていくことも大事かなという気持ちでいますね(18)。

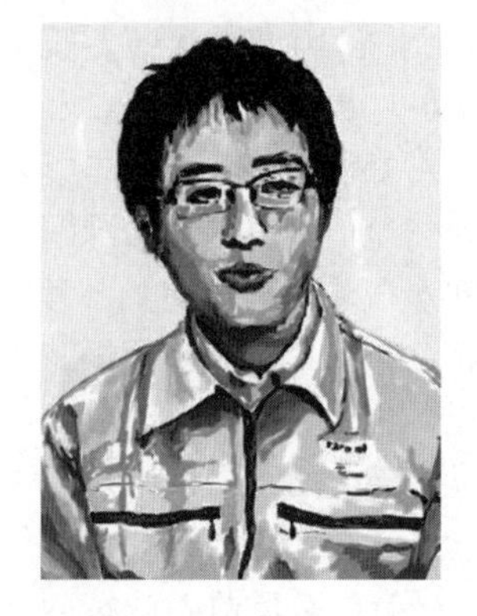

社会人1年目の終盤で震災を経験したCさん。当時は六ケ所再処理工場向け液体処理システムの設計を担当。2013年から福島第一原発廃炉に携わり，原子炉建屋内の汚染水を処理装置に送り出す滞留水移送装置の設計を担当。大学では化学システム工学専攻。二酸化炭素を削減できるクリーンエネルギーとして原子力に注目し，原発メーカーに入社。中高時代は天文部で，プラネタリウムを自作。この時の経験から，皆でモノづくりする楽しさを知ったと語る。

私が初めて，1F構内に入ったのは，2011年6月でした。ケーブルを引くのに手が足りないということで緊急対応要員として駆り出されました。やっぱりどんな場所かわからないみたいなところで，まあ結構怖さはありましたね。

実際に行ってみると，福島から離れた場所にいたら想像もつかない衝撃的な状況でした。まだ死んだ魚があちこちに転がっていたりするようなことになっていて，防護服を着ているから匂いはわからないんですけど，津波を被るとこんな感じになるんだなと。「あの野犬は汚染してるから近づいてはいけない」と放射線管理員さんに注意されることもあって，こんなことになっているんだと結構ショックでした。

このころは今と比べて，線量が相当高かったはずなんですが，当時は線量についての知識が今より乏しくて。このときは，とにかく指示されるままに防護服を着て，全面マスクをつけて，個人線量管理用のバッチをつけて作業していました。これらの放射線管理のルールに従わないと作業できなかったです。職場の教育で習ったことをそのまま実行していた感じですね。

正式に1F廃炉の担当になったのは，2013年10月からです。当時，汚染水の発生量を減らす目的で，建屋内に流入する地下水量を低減するための凍土壁† を作ろうという計画があって(19)。凍土壁ができたら，原子炉建屋周囲の地下水の水位が下がるため，原子炉建屋内の汚染水が周囲にしみ出す心配がある。それを防ぐために原子炉建屋内の水位を下げる滞留水移送装置の

† 凍土方式の陸側遮水壁

設計を担当しました。建屋の地下は大きい水がめになっていて，そこに水中ポンプを投入するのですが，図面を頼って設置するための穴を床に開けてみると，図面には無い突起物にぶつかったりと，現場で確認してみないとわからないことが結構ありました。この時に，2号機と3号機の原子炉建屋とタービン建屋全域の調査をしたことが，今，取り組んでいる燃料デブリ取り出しのチームで仕事する上での自分の地になっているんですよね。水経路もそうですが，現場で人がアクセスできる経路も頭に入っているので。

この当時，地下水由来の汚染水は冷たいので，夏になると設備が結露してびちゃびちゃになっていたんです。建物が健全じゃないから，空調が効かなくて。現場の人は，湿度が高くても安定に動作するシステムにしてほしい，と思いますよね。結局一番困るのは，納品後にシステムを使っていく東電さんの現場の人なんです。納品後に設置される1Fの厳しい環境において，起こる可能性のあるトラブルをどれほど想定し，どれだけその対策を盛り込めているかが設計者にとって大事なこと，と痛感しました。

2016年からは，技術開発の方にシフトし，経産省プロジェクトに参画しました。格納容器の腐食を防ぐための防錆剤を検討するプロジェクトで，私はその防錆剤の候補が既存の汚染水処理装置に流入した時の影響を調査する担当でした。通常，格納容器は窒素封入されているので腐食は進まないのですが，燃料デブリ取り出し時に酸素に触れると腐食する恐れがある。それに備えた防錆剤の検討でした。私個人としては，ここで初めてセシウム吸着装置や多核種除去設備に関係することになりました。このプロジェクトをきっかけに原子炉建屋から汚染水処理装置までの汚染水処理設備全体を見る視野を持てるようになったんですね。燃料デブリ取り出しについて具体的に考えるようになったのもこのプロジェクトからでした。

次に担当したのが，今も進行中の燃料デブリの大規模取り出しに向けた汚染水処理装置の技術開発です。現在は，冷却のために燃料デブリに水をかけ流している状態ですが，積極的にデブリをガリガリ削っていくと粉が出てくる。新たな面が出てくると新たな核種が出てくるかもしれない。まずは何がでてくるのかあらゆる可能性を整理しました。粒，粉。水に溶けるか，溶けないか。濾過でも取れないものはあるか，の分類から始めました。3社共同で開発するプロジェクトで，他のメーカーさんと一緒に開発を進めていくのはこれが初めての経験でした。この辺りから上司が付いてこなくなって。任せてもらえるようになったのかな。

1F 廃炉について，外から気にして見てくれている人は，燃料デブリの取り出しが始まっているようには見えないし，まずそれ以前にその工法がなかなか決まらないことを，もどかしく感じるんだろうな，と思うんです。そのもどかしさから批判的なことも言いたくなるんだろうなと。ただ，1F 廃炉のどの作業もそうなのですが，前例のないことなので標準的なやり方が決まっているわけじゃない。だからいくつか工法の候補を挙げて，比較してみる訳ですけど，どの工法にも良いところ，悪いところがある。走り出してしまうと後戻りできない選択もあるので，決める立場の人はどうしても慎重になってしまうんですよね。

だから我々メーカー技術者としては，東電さんに対して，どういう方法があるのか，どう取り組むのがいいのか，選択肢や判断材料を，どんどん提案していかないといけない。最終的には東電さんが判断するっていう要素がありながら，結局この技術は使えるのか使えないのか，これは 1F で設備としてモノになるのかならないのかっていうところは，実際に設計開発する人の力量にかかっているというか，閃き次第というところがあります。それに加えて，先々の国の方針に合わせて，一度作った設計や提案を更新していける対応力次第ですかね。そのために対外的な会議体の資料や動画を常にウォッチして，視野を広げておくようにはしているんです。こういうところは，国との関係が近い 1F ならではかもしれませんね。

燃料デブリ取り出しはまだまだ先長いと，私も思います。ですが，今すぐにはできなくても，10 年後にはいろいろな技術が進歩していて，それを使えば解決できるってことはたくさんあると思うんです。1F 廃炉の場合は，被ばく対策が足かせになってスケジュールが遅れるってことがいかんせん多い。一日の作業時間や年間の作業日数に制限があるので…。何もないところなら，人とお金をどんどん投じれば進む…って考えると，先ほどの技術の進歩の話の中でも，廃炉作業を加速させるのに有効なのは，遠隔操作とか，人を介さない監視技術とか，ロボット技術の方に寄ってくるんだろうなあ。

1F 廃炉，これまで 10 年近くやってきて，自分の設計で，ひとつひとつ，目の前のミッションをクリアしてきて，1F の環境を少しずつだけど良い方向に進められたなっていう手応えを感じてはいるんです。あー，思い出しました。僕，高校の時，環境問題をやりたくて大学で化学を専攻することにしたんですよ。震災があって偶然関わることになった廃炉ですけど，福島の環境問題ですし。繋がってましたね。

考えてみよう

（1） 1F 構内で働くためには，法律で定められた放射線業務に従事する従事者として個人個人を登録し，個人線量計やガラスバッジによる被ばく線量の管理を行っている。放射線業務従事者の被ばく線量限度は，健康影響が生じないよう法律で「100mSv/5 年」かつ「50mSv/ 年」という被ばく限度が定められており，この値を超えることがないよう管理している。例えば，2021 年 1 月の協力企業の作業員の平均被ばく線量は 0.30mSv というデータがあり，線量限界（100mSv/5 年）を月平均した値（1.67mSv）と比べて十分低い値を示していた[20]。月に 0.30mSv の被ばくをした場合，また月に 1.67mSv の被ばくをした場合の身体への影響度がどの程度か，医療被ばくと対比させながら考えてみよう。

（2） 1F 廃炉の仕事は，事故が起こったプラントの片づけであり，何かを作りあげるわけではないので，後ろ向きの印象が常に付きまとう，といわれている。あなたはどのような印象を持っただろうか。

（3） 1F 廃炉のロードマップは，東日本大震災の時にはまだ生まれていなかった世代まで巻き込む計画を引いているが，「電気学会　行動規範」の「2-1　自然環境，他者および他世代との持続可能な関係の維持　会員は，科学技術が損なってきた自然環境，他者の生命や人格，および他世代との間の互恵的な関係を持続可能にすることが，科学技術の一翼を担う電気技術者の責任であると自覚し，そのために率先して行動する。」この行動規範に照らして，今，あなたが取り組みたいことは何か。自身の専門知識・技術を活かしてできることについても考えてみよう。

本事例は，2023 年 1 月から 3 月に実施した本人へのインタビューを元に，倫理教育の立場から記述したものである。電気学会として本事例に対する見解を取りまとめたものではない。人名は仮名である。

事例 13：旧石器遺跡捏造事件

事例として取り上げた意図

研究者は公正で責任ある研究活動を推進することが求められている。この対極にある行為が FFP（Fabrication, Falsification, Plagiarism：捏造，改ざん，盗用／剽窃[†1]）である。誠実な研究と FFP との間には，重要な研究データを一定期間保管しないことのような「好ましくない研究行為（QRP：Questionable Research Practice）」がある[(1)]。文部科学省は FFP を特定不正行為と呼び，これに加え，QRP の中の二重投稿や不適切なオーサーシップ[†2]などが認定された場合には，公表対象としている[(2)]。研究者は FFP を行ってはならないのはもちろんのこと，QRP も避けるよう求められている。

科学は狭義では自然科学を意味するが，広義では自然科学を含め，人文科学，社会科学の他，学問全般を指す。例えば，日本学術会議が定めた「科学者の行動規範」[(3)]にある「科学」は広義の科学を指している。本事例の読者にとって自然科学分野での FFP は社会にどのような影響を及ぼすかは比較的容易に想像できるだろう。一方，自然科学以外の科学分野での FFP は社会にどのような影響を及ぼすかは考えにくいかもしれない。本事例は，人文科学に属す考古学での捏造の事件に関するものである。本事例を通じて，自然科学以外の科学分野においても，FFP が社会に影響を及ぼすことがあることを読者に理解してもらいたい。

日本における旧石器時代

旧石器時代はその時期に活躍した人類の種の区分により前期，中期，後期と区分される。日本では後期旧石器時代は約 35000 年前から始まるとされて

---

†1　捏造：存在しないデータ，研究結果などを作成すること
改ざん：研究資料・機器・過程を変更する操作を行い，データ，研究活動によって得られた結果などを真正でないものに加工すること
盗用／剽窃：他の研究者のアイデア，分析・解決方法，データ，研究結果，論文または用語を当該研究者の了解または適切な表示なく利用すること

†2　不適切なオーサーシップとは，組織の責任者であるなどの理由から論文で論じられている研究成果に貢献のない人物を著者に加える，あるいは，実質的な貢献をしているにもかかわらず，地位が低いなどの理由から著者に加えないことなどのことである。

いる[4]。

1946 年に群馬県新田郡笠懸村（現・群馬県みどり市）で岩宿遺跡が発見された。調査の結果，35000 年以上前の遺跡と判明している。遺跡が確認されたということは，その頃の日本に人がいたことを示している。さらに，これよりも古い年代に人がいたかどうかに関心が向くのは当然である。考古学界では 1960 年代から，日本に前期旧石器時代があったのかどうかという「前期旧石器時代存否論争」が続いていた。

遺跡捏造の経緯[4]−[9]

石器あるいは遺跡の発掘に数々の実績を持つアマチュアの考古学者であるＦ氏は，東北旧石器文化研究所の副理事長であった 1981 年に宮城県岩出山町（現・宮城県大崎市岩出山）の座散乱木（ざざらぎ）遺跡で 4 万数千年前の地層から石器を発見して一躍有名になった。この発見は「世紀の大発見」と言われ，「前期旧石器時代存否論争」に決着が着いたとされた。なお，座散乱木遺跡での発掘は，正確には断面からの引き抜きによるものであった。

Ｆ氏が発掘に参加する前には何も発見できなかったにもかかわらず，Ｆ氏が参加するとすぐに石器を発見し，「列島最古の石器」の記録を次々と更新していった。次第に，「神の手（ゴッドハンド）」とも呼ばれるようになった。

Ｆ氏が次々と成果を上げる発掘に対し，情報源は明かされていないが，捏造の疑いの情報を得た毎日新聞社の記者が宮城県栗原郡（現・宮城県栗原市）の上高森遺跡の発掘現場で張り込みを行った。早朝，誰もいない発掘現場に現れたＦ氏が石器を地中に埋める決定的瞬間をビデオに収めた。このビデオ映像をＦ氏本人に見せたところ，捏造の事実を認めた。これを受けて，2000 年 11 月 5 日の毎日新聞朝刊に「旧石器発掘ねつ造」の見出しで一大スクープとして報道された。実は，毎日新聞はこの報道以前にも，1981 年 9 月 2 日朝刊 1 面全 15 段のうち 11 段を使って，座散乱木遺跡での 3 万年前の石器発掘を報道し，1993 年 5 月 13 日朝刊では高森遺跡での「50 万年前　日本に原人」との見出しで，28 ページの内 4 ページを使った報道をしていた。Ｆ氏の異能ぶりを派手な扱いで報道したことも，Ｆ氏を有名にした原因の一つである。

Ｆ氏が捏造を認めたことから，1 週間後に日本考古学協会は委員会を開き，考古学を中心に人類学，地質学の研究者を含めた 11 名の委員で前・中期旧石器問題調査研究特別委員会準備会を設置し，2001年６月からは，前・中期旧石器問題調査研究特別委員会として検証を行った。2002年４月に文部科学省科学研究費補助金特別研究促進費の補助を受け座散乱木遺跡の検証発掘調査を実施した。

最終的には，Ｆ氏が関与した168遺跡のすべてについて捏造との判断を下すことになった。特別委員会の最終報告は2003年５月刊行の「前・中期旧石器問題の検証」(7) にまとめられている。

Ｆ氏は捏造発覚後に解離性同一性障害を発症し，聞き取りも難しい状況で，捏造の真の意図は不明である。

東北旧石器文化研究所は2004年１月に解散した。

捏造とその発覚が遅れた原因

（１）「前・中期旧石器問題の検証」(7) で述べられている主な原因を列挙すると次のようになる。

（ａ）捏造はＦ氏だけの責任ではなく，専門の研究者集団が組織的に評価・正当化し，研究論文を発表し，学会にアピールしたからこそ，多くの人が認めた。

（ｂ）「列島最古の石器」の記録を次々と更新していく「成果」を追求する共同研究者と指導者の姿勢は，自らの客観的な判断力を奪っていった。

（ｃ）座散乱木遺跡では地質学的な見解よりも石器出土の事実を優先している。

（ｄ）絶えず注目を浴びていたいという集団の心理があったように見える。

（ｅ）縄文時代の石錘が後期旧石器時代の地層から出たり，石器が火砕流の中に埋まっているのはおかしいとの批判は，すでに1986年にあった。研究者の大勢が捏造を見破るだけの観察眼と批判力とを持っていなかったからだと認めるほかない。しかし，調査関係者はその指摘を深刻に受け止めることはなかった。チェックしようとする研究者が内部に１人も現れなかった調査団の批判精神の欠如は深刻な問題である。遺跡発見に疑問をもつ者に対しては，遺跡を見つけようとする努力の不足を指摘して，沈黙させ，学問的根拠が勘や才能と努力にすり替えられていた。

（２）Ｆ氏の「発見」の初期の頃から考古学研究者の中には数少ないが，批判している人がいた。小田氏は疑問点を論文としてまとめ，考古学関係誌ではなく人類学雑誌に載せている。これは考古学界から「握りつぶされるに決まっているから」との理由からである。ただし，これは年代を疑ったもので，捏造を疑ったわけではなかった。

（3）捏造発覚後，多くの研究者から「学者同士の自由な相互批判や，出土石器に対する地域ごとの比較がなかったことが，捏造を防げなかった最大の理由」との声が上がり[6]，2003年に新しく日本旧石器学会が設立された。当学会の設立の経緯は「研究の方法論的な点検，地質学・人類学・古生物学・古植生学などの隣接科学分野との連携，海外研究者との交流の推進に必ずしも十分な配慮を行ってこなかったなどの点は，強く反省」[10] と説明されている。

（4）黒木は「ねつ造を許したのは，学会の長老と官僚の権威であった。その権威のもとに，相互批判もなく，閉鎖的で透明性に欠けたコミュニティが形成された。」[11] と指摘している。

（5）河合は「旧石器遺跡捏造事件は，批判精神を欠いて，一人物に盲従したあげくにペテンが学界全体の定説として定着した実例として，考古学史ばかりか科学史上にも消えることのない汚点として長く記憶されることになろう。」[4] と結論付けている。

事件の影響[4]-[9]

（1）座散乱木遺跡は1997年に文化庁により国の史跡に指定されたが，2002年12月に史跡の指定は解除された。
1995年から文化庁主催で全国の主要な博物館で最新の発掘成果を巡回展示していたが，この中にはＦ氏の関係するものが含まれていた。
東京国立博物館や国立歴史民俗博物館は捏造遺跡の展示をしていたが，この展示は素早く撤去された。

（2）Ｆ氏の関与した遺跡や石器について研究し，その結果を論文として発表した研究者がいるが，その研究は無効となった。

（3）Ｆ氏の関与した遺跡は東北地方だけではなく，東京都，埼玉県など関東地方や北海道にも広がっている。関係自治体は捏造の発表後，体制を組織し検証が行われた。

（4）海外，特に近隣の中国，韓国などの専門家からの日本の考古学に対する信頼が低下した。

（5）2000年度の高校の日本史Bの教科書の大半で，上高森遺跡や初めて原人の言葉が躍った高森遺跡について本文で取り上げられていたため，2002年度にはすべての教科書からF氏の関与した遺跡の記述が削除された。中学校の歴史教科書についても2000年度にはF氏の関与した遺跡が掲載されていたが，2002年度にはその多くが削除されている。また，F氏の関与した遺跡関連の説明を記載した日本の歴史関係の出版物は販売を中止し，辞典からは関連項目が削除された。しかし，既に販売された出版物は回収されたわけではなく，図書館等には現在も収蔵されているものがある。

（6）遺跡や原人を題材にした土産物の販売や，行政主導の原人関係のイベントが行われ，町おこしに使われた。捏造が判明した後，これらは自然消滅していった。

考えてみよう

（1）ステークホルダー（利害関係者）として，石器を埋めるという捏造を行ったF氏，F氏と発掘を共にした考古学関係者，F氏の発見を追認してきた考古学関係者，行政や地域関係者，マスコミ，考古学界などが挙げられる。ステークホルダー別に本事件の倫理的な責任について考えてみるとともに，あなたが共同研究者や指導者であった場合に，どうしたら冷静な行動や判断ができるかについて考えてみよう。

（2）本事件を教訓に，日本考古学協会は倫理綱領を2006年5月27日に制定した。その後，2016年1月23日一部改正・施行が行われているが，内容の改正ではなく，「一般社団法人」となったことによる名称の変更だけであり，実質的には倫理綱領は2006年の制定後17年以上見直されていない。倫理綱領の見直しはどの位の頻度で行うべきであろうか。また，見直しのトリガーとしてどのようなものが考えられるだろうか。

（3）2000年11月にF氏による旧石器遺跡捏造問題が発覚し，日本考古学協会は直ちに特別委員会の設定を決め，準備会を発足させ，実質的な調査を開始した。2001年6月には前・中期旧石器問題調査研究特別委員会が正式に発足し，疑惑の持たれた関係遺跡の出土資料の検証が開始され，最終報告が2004年5月22日に行われた。このスピード感について，考えてみよう。

（4） 最終報告書[7]では，考古学界の閉鎖性が指摘されたことについて，①石器を公開した，②国際シンポジウムで海外の研究者が手に取って見ていた，③中国の旧石器文化との比較を試みた論文を中国の専門雑誌に写真付きで掲載している，などの理由により考古学界の閉鎖性は本事件の説明にはならないとしている。あなたはこの説明について賛否を明らかにするとともに，その根拠を考えてみよう。

（5） 捏造発覚後，歴史教科書からＦ氏の関与した遺跡の記述が削除されたが，削除されるまではＦ氏の関与した遺跡の記述がある歴史教科書が使われていた。この影響について考えてみよう。

（6） 文部科学省が特定不正行為などを公表している[12]。その理由について考えてみよう。

本事例の記述は，倫理教育の立場から記述したものである。電気学会として本事例に対する見解を取りまとめたものではない。

事例 14：研究不正による京都大学霊長類研究所の改編

（1）はじめに

チンパンジー等の霊長類の研究拠点として活動してきた，京都大学霊長類研究所が，2022 年 3 月をもって改編された。その引き金は，研究所長らによる研究資金の不正経理および教授による生命倫理違反と論文の捏造である。

研究所の改編は，研究自身の継続性のみならず，研究所に勤める研究者の人生に多大な影響を及ぼす。本事例では，主に研究者および研究者を志す学生を対象に，研究不正が元となった霊長類研究所の改編に至る経緯を述べ，研究者と研究について考えるための素材を提供するものである。

（2）研究資金の不正経理

2018 年 12 月に霊長類研究所の不正経理に関する公益通報が京都大学にあり，予備調査を経て，2019 年 6 月から調査委員会による 4 名の研究者を対象とする本調査が開始された。

関係者からのヒアリングや書面検証を行った結果，①過大な支出，②架空取引，③目的外使用，④入札妨害，の不正種別が判明し，不正総件数 34 件，総額約 5 億円と認定された。

特に①，②および④は，チンパンジーの長期飼育および実験といった特殊な研究に必要なケージ等の飼育設備を扱う業者が限られたことに起因する。本来であれば，発注仕様書に基づいて研究所と業者間で売買契約が結ばれるが，特定業者との長年の付き合いにより，大枠の予算内で仕様変更が口約束的に行われてきた。また，架空取引（業者と結託して架空の発注を行い，架空又は空箱での納品を検収し，費用のみ支払うこと）により，業者へ赤字補填の名目で便宜が図られた。さらに，一般競争入札前に，特定業者へ仕様書や図面の策定を依頼した結果，一般競争入札の趣旨が形骸化された(1)。

4 名の研究者の内，A元所長とB教授に懲戒解雇，C教授およびD特定准教授にそれぞれ停職 1 ヶ月および停職 2 ヶ月の処分が下された。さらにA元所長は，京都大学から 2 億円の損害賠償請求を提訴された(2)。

（3）生命倫理違反と論文の捏造

霊長類研究として人を対象とする場合，先ず，霊長類研究所の倫理審査を受け，承認された研究計画に則って行う必要がある。しかしながら，霊長類研究所所属のＥ元教授の単著論文（「Anxiolytic effects of repeated cannabidiol treatment in teenagers with social anxiety disorders」，Frontiers in Psychology，08 Nov, 2019）は，未成年に対して投薬した研究内容にもかかわらず，上記の倫理審査の手続きを経ていないことが判明した。

また，Ｅ元教授の他の論文に対して，実際に実験が行われていたか疑義があり，捏造したのではないかとの通報があった。2020 年 6 月に霊長類研究所および大学本部に各々調査委員会が設置され，元教授の 6 編の論文が調査対象となった。その結果，元教授の単著論文 4 編（上記論文も含む）に研究が行われていた事実が認められず，捏造であると不正認定された。

調査に際して，調査委員会はＥ元教授へヒアリングや関連資料の提出を求めたが，元教授は一切応じなかった。誰の目も通さない単著論文において不正が行われており，元教授の倫理観の欠如が指摘された。

さらに，霊長類研究所は，霊長類を総合的に研究するミッションを有するため，関連する研究分野が多くなるが，分野の交流が希薄な縦割り組織になっていたため，他の研究分野での不正に気付き難いことも指摘された(3)。

調査委員会はＥ元教授へ論文の撤回を勧告した。2022 年 1 月に京都大学は元教授を懲戒解雇相当の処分とし，2020 年 3 月付で定年退職した元教授への退職金を不支給とした(4)。

（4）研究所の改編

1967 年に愛知県犬山市に京都大学の附置研究所（附置研）として設置された霊長類研究所(5) は，霊長類研究で多くの成果を挙げてきた。しかしながら，一部の研究者の研究不正が元で解体的出直しを余儀なくされ，2022 年 3 月で約 55 年の歴史に幕を閉じ，3 分野および 2 センターから成る，ヒト行動進化研究センターへ縮小改編された(6)。

大学の附置研は，特定の研究領域に特化して研究を進める機関であり(7)，附置研の研究者は研究と教育を行う学部・大学院の教員と比して学生への講義の負担が軽く（または免除），研究活動に専念できる環境にあるが，換言すると研究成果を出し続けるプレッシャーもある。

社会情勢等の変化に対応した附置研の改編や改称例はあるが，研究不正で附置研自体が縮小的に改編された例は珍しい。

前述のプレッシャーなどの背景で，無理をして研究不正を行ったかもしれないが，組織の改編により，研究不正に直接関係のない研究者も他の研究室や研究機関への異動等を余儀なくされる。研究機関の一部の研究者による研究不正によって，研究機関自体の見直しを迫られ，属している研究者の研究活動や雇用に多大な影響を与える。

考えてみよう

（1）なぜ，研究部門だけで調達取引をしてはいけないのか，考えてみよう。
（2）不正経理の温床となる「研究費が削減されているから」「業務手続きが煩雑」等の声に対して，研究機関としての対応策について考えてみよう。
（3）良い研究を継続させるために，研究者へ求められる姿勢について考えてみよう。
（4）研究不正で改編または解体された他の研究機関の事例を調べてみよう。

本事例の記述は，倫理教育の立場から記述したものである。電気学会として本事例に対する見解を取りまとめたものではない。

事例 15：科学技術と報道

1．はじめに

科学の世界では研究成果を論文や学会発表という周知方法を用いて，研究成果を公開している。この目的は，情報の共有とさまざまな熾烈な競争に勝つことである。技術においてもその様相は同じであるが，発表形態は論文のほか技術報告，特許申請などである。その周知先は科学技術者や研究者に限られると思われるが，さまざまな形で提供される研究費の見返りに専門家だけでなく非専門家に対する説明責任が必然的に求められるようにもなってきている。また，その出資者（政府，財団，法人など）も公衆に対し発信が求められるため，彼らを代弁する形で研究者自らがメディアを通して公衆に発信することもある。

つまり，科学技術者らのためにメディアが協力している構図がある。もちろん，メディアはこれ以前より教育や知識の提供という役割から科学技術者の協力を得て情報を発信してきているのだが，ビジネスとしての情報発信である以上，公衆の関心をひく内容に限られていた。こうした相互依存を理解したうえで，本事例は，報道の基本に関する知識と過去の事例を通して科学技術者がどのように報道に関わってきたかについて取り扱う。

2．メディア・リテラシー

インターネットの一般化と IT 技術および AI 技術の進化によって，2000 年以降，メディアとインターネットを切り離せなくなってきた。そのため，利用者（受信者）には狭義の情報リテラシー（情報機器を活用して情報社会を生き抜く力）に加えてメディア・リテラシーが求められるようになった[(1)(2)(3)]。最初にメディア・リテラシーを取り上げた理由は，多くの人がメディアを過信し，メディアは「私たちの必要な情報を正しく提供してくれるものである」と思っているように感じるからである。現実には，多くのメディアは商業的利益を追求する企業であるということを忘れてはならない。

欧米では，メディア・リテラシーに関する研究が「教育現場でいかに生徒に教えるか」の視点で進められており，カナダにある AML（メディア・リテラシー協会）の Duncan らによってメディア・リテラシーの 8 つのキー・コンセプトにまとめられ（1989 年）[(4)]，その後 Pungente（1999 年）[(5)] らによって改訂された。

このメディア・リテラシーの後押しになった教育概念は「批判的思考」と訳されるクリティカル・シンキングそのものである。その後，以下の５つのコア・コンセプトに簡素化された[6]。

1．All media messages are “constructed”.
（メディア・メッセージはすべて「構成された」ものである）

2．Media messages are constructed using a creative language with its own rules.
（メディア・メッセージは創造的言語とそのルールを用いて構成されている）

3．Different people experience the same media message differently.
（多様な人々が同じメディア・メッセージを多様に受け止める）

4．Media have embedded values and points of view.
（メディアは価値観と視点を含んでいる）

5．Most media messages are organized to gain profit and/or power.
（ほとんどのメディア・メッセージは，利益を得るため，および／または権力を得るために作られる）

1の「構成された」とは，メディアは得た情報をそのまま流すのではなく，いくつかの関連情報とともに特定のメッセージを伝えられるように独自ルールを駆使して作成することである。ところが受信者は，かならずしもメディアの意図したとおりにメッセージを受けとるとは限らない。ところで，メディアは多様であり，それぞれが独自の価値観や視点を持ってメッセージを構成している。受信者はメディア間の違いを比較することができ，選択することもできる。もちろん，特定の受信者のためにメディアがメッセージを構成し，発信しているのではない。メディアが発信し続ける目的には，利益を得るか，支援者の代弁者になるか，が必要であることを忘れてはならない。

3．科学報道と印象操作

報道は客観的であり，スピード感，バランス感を持ち，そして公平・中立であるべきである。とくに科学報道においては，正確性が重視される。さらに，科学報道は知識の提供や解説など教育的側面を受け持つことがある[7]。

ここでメディアはいかにして専門性の高い科学記事の正確性，信ぴょう性を高めるかが課題になる。1つは，担当記者に専門的知識の高い者を充てることである。次に専門家の意見をていねいに取材する，あるいは専門家のチェックを受けることが好ましい。ところが，科学において専門家の意見がつねに一致するとは限らない。ときには専門者間で意見が対立することがある。たとえば地球温暖化問題である。アメリカのブッシュ政権は「地球温暖化は学問上の仮説であり，温暖化現象は現実に確認できていない」という公式見解を出し，メディアもこの考えに追従した。温暖化現象への認識が定着した今，政府の見解が正しいと報道することが当時のメディアとして適切だったのかが，メディアに問われている。

一方，アル・ゴア元アメリカ合衆国副大統領は，「不都合な真実」というドキュメンタリー映画に主演し，政府の姿勢に反した。ここでは，わかりやすいビジュアルを重視した手法が効果を発揮し，アメリカ市民に大きな影響を与えた。しかし，内容について事実誤認やデータ誇大化などがあり，「センセーショナリズムが勝る」などの批判もある。

ところで，「不都合な真実」の手法である地球温暖化を「目に見える」形にした手法を真似て，氷河の末端の氷塊が勢いよく海に崩れ落ち，水しぶきをあげる映像が多用されている。しかし，この現象は氷河の専門家から見ると北極圏では日常的に起きていることであるそうだ。こうしたステレオタイプの映像を使うメリットは，刷り込みによって簡単に受信者を印象操作ができることである。

メディアにとっての情報源がいかに影響を持つかを受信者が認識することが重要である。たとえば，東日本大震災時の福島第一原子力発電所に関する情報は，政府および東京電力からのみ出された。メディアも国民も情報源の信用度が高いため，それらを信じるしかなかった。このように政府や大企業が情報源の場合には，信ぴょう性の評価も公正・中立性の検討もおろそかになりがちになる。STAP 細胞事件も情報源の信頼度が高かった[(8)(9)]。発表は理化学研究所からなされた。理化学研究所は世界的にも最先端の研究をし，その組織としての研究信頼度は群を抜いている。さらに，論文は科学分野でもっともインパクトファクターが高く，多くの科学者からの注目度と信頼度が高い“Nature”に掲載されたのであった。つまり，メディアにとっては情報源そのものが情報の検証を必要としない高品質なものであった。そのため，メディアがファクトチェックをしない「うのみ報道」が誘導されたのだった。

4．フードファディズム

フードファディズムとは，ある食べ物や栄養成分が健康に与える影響を過度に信じたり評価したりする現象である。たとえば，2007年1月21日に放送されたテレビ番組「発掘！あるある大事典Ⅱ」において，納豆に含まれる成分にダイエット効果があると取り上げられ，異常なブームが起こった。その番組の説明では，以下の権威ある大学教授のコメントが利用された[(10)(11)]。

（1）　テンプル大学　アーサー・ショーツ教授「日本の方々にとっても身近な食材でDHEAを増やすことが可能です！」「体内のDHEAを増やす食材がありますよ。イソフラボンを含む食品です。なぜならイソフラボンは，DHEAの原料ですから！」

（2）　昭和女子大学　中津川研一教授「イソフラボンの摂取には納豆が効果的である」

多くの視聴者にとって関心が高いダイエットをテーマにしたため，影響力が大きかった。番組制作において情報の信頼性を高めるために大学教授のコメントおよび研究論文をもとにしており，正統な手段をとっていたはずだった。ところが，後に関西テレビが自ら検証したところ，①ショーツ教授の日本語訳コメントは，内容を含めてこのような発言がなく，捏造であった。②研究成果は，ワシントン大学のデニス教授のものであった。さらに，③番組内で被験者による追試と検査をしなかった。ことが明らかになり，内容は捏造だったと報告した。もちろん捏造は明らかに間違った行為であるが，フードファディズムにメディアが捏造を誘導されたのかもしれない。

このように視聴者に特定のイメージを与える方法すなわち印象操作がメディアによって駆使されたといえる。ここで，大学教授という肩書をメディアが悪意を持って利用し，視聴者が騙されたのであるが，本来，ファクトチェックをすべき関係者自身が悪意をもって捏造を行ったため，防ぐのは困難であった。

5．印象操作とホロコースト

チャールズ・ダーウィンの従弟にあたるフランシス・ゴルトンは生物統計学の概念を提案し，回帰曲線で知られるカール・ピアソンやロナルド・フィッシャーなどを育成した[(11)]。とくに彼らの生物統計学の考え方は，進化と遺伝学を統合し優生学に発展した。その後，この思想は米国のチャールズ・ダベンポートがカルフォルニア州に断種法（1907年）を法制化させるまでに影響を与えた。この法律は知的障害を持つ者に子孫を作らせない断種を合法的にできるものであった。さらに，この思想は民族の系列化を作り出し，絶対移民制限法（1924～1965 年）の制定に繋がった。こうした人種のふるい分けは，ナチス・ドイツの人種政策に都合が良かったため，一般市民に対し「優れたゲルマン・ドイツ人」「見捨てられたユダヤ人」という考え方を操作したのである。これは科学者が政治に加担したと批判的に述べることもできるが，政治家にとっては民衆を印象操作するために科学を利用したと言える。

6．紙媒体からネットへ

電通メディアイノベーションラボ（2018 年）によると，50 代～60 代の情報依存度は，「テレビ・ラジオ」が存在感を示している（**図 1**）。20 代～40 代も「ネット・デジタル」が大きいが，10 代は特異的に「SNS・ブログ」が大きく占める。メディア接触は年齢持ち上がり効果があるため，今の 10 代は 10 年後の 20 代になっても SNS を第一メディアとするだろう(12)。

また，インターネット経由の情報獲得の大きな問題と言われていることが

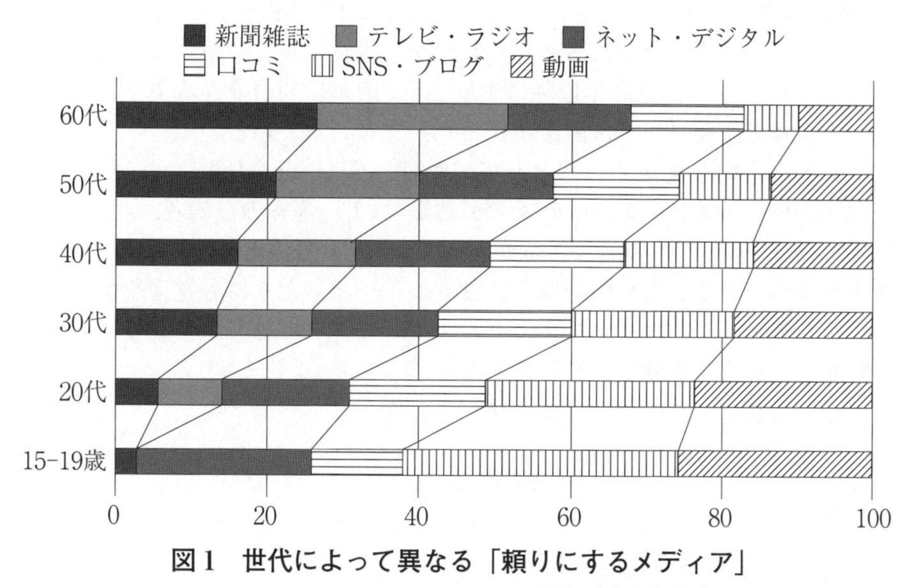

図 1　世代によって異なる「頼りにするメディア」

※引用・参考文献（12）をもとに著者が作成。

ある。まず，レコメンデーション，ランキング，口コミ，スコア，評価などが利用者の判断に大きな影響を与えることである。つまり，メディアによって利用者の行動が操作されているのである。さらに，利用者の閲覧履歴，検索履歴や Cookie などをもとに類似情報が選択的に送られてくるため（フィルターバブル），特定の意見や思想に操られるようになる（エコーチャンバー化）。このため，ネットからの情報をもとに公正・公平に判断をしようにも一方の意見だけに方向づけられる恐れがある。

７．フェイク・ニュース

エイプリルフールに流されるニセ記事に騙されて笑みが浮かぶうちはよいが，ウソの影響が大きくなり笑えないことが多くなってきた。とくにインターネットの普遍化に伴って，真偽が判別のつかないフェイク・ニュースが拡散している。とくに AI を使ったディープ・フェイクには驚かされる。たとえば，熊本地震（2016 年）の直後に Twitter（現Ｘ（エックス））で「動物園からライオンが逃げた」という内容のツイートがフェイク画像とともに投稿された。多くの人が被災情報を SNS に求めたこともあり，地域住民に大きな不安を与えた。また，トランプ前大統領のフェイク動画は精巧に作られ，AI 技術の高さを世に知らせた。当初は高度な IT 技術を持つ人だけがディープ・フェイク動画を作れると思われたが，現在は誰でも簡単に作成できるようになっている。2023 年以降は生成 AI が簡単に利用できるようになったため，より高度なフェイク画像が作られ，流布されている。

フェイク情報を見抜く方法として CRAP（Currency, Relevance, Authority, Accuracy, and Purpose）テストがある。（１）情報の発信者，（２）発信日時，（３）事実か・参照はあるか，（４）自分に関係あるか，（５）発信の目的を確かめることで真偽の確認に役立つ。子どもたちにも覚えやすい「だいじかなチェック」は，クリティカル・シンキングの練習にもなり，フェイク情報から身を守る助けになるだろう。

だ　だれ？　この情報は誰が発信したか？
い　いつ？　いつ発信されたのか？
じ　事実？　情報は事実か？参照はあるか？
か　関係？　自分とどのように関係するか？
な　なぜ？　情報発信の目的は何か？

8．メディアを利用する科学者

冒頭に述べたように，科学技術者は情報公開や説明責任が求められ，専門雑誌を通した論文以外に公衆にもわかるようにしなければならない(13)。このためには，メディアの利用がもっとも簡便である。近年は，各種学会の運営側から注目してほしい発表演題を数件，報道機関にニュースレターという形で伝えることがある。また，大学などが積極的にニュースソースを提供することが新たな慣習になっている。

ところが，その行為が純粋な情報公開や説明責任でない場合がある。すなわち売名行為である。たとえば，STAP 細胞事件はデータ捏造の悪例として扱われることが多いが，売名行為が当初よりあったと考えられている。

（1）先行研究者の iPS 細胞研究に対し，より簡便な方法を開発したことを強調した。
（2）若手研究者が女性であることを強調した。
（3）報道発表に合わせて，研究室の壁をピンク色にし，人気キャラクターのイラストをちりばめた。
（4）白衣でなく割烹着をＯ氏に着せた。

これらのことは，データ捏造をしたＯ氏自身ではなく，理研の中堅指導者などが関与したとされており，とくに女性研究者という餌でメディアを引き付けたのであった。確かに，女性研究者はまだ理系女子（リケジョ）と呼ばれていた時代であったために，注目を受けると十分に予測され，メディア側が踊らされたのであった。つまり女性をステレオタイプ視し，彼女の活躍を応援しようという印象操作がされたといえる。

科学者がメディアを利用するつもりが逆に騙されるという例もある。「ハゲタカジャーナル」である。研究の成果は論文とし公開し，これをもって研究者は評価を受ける。このためには，論文が専門雑誌に掲載されなければならない。本来ならば，厳格な査読を経て論文が掲載されるのだが，ハゲタカジャーナルのビジネスモデルは，著者に高額な論文掲載料を支払わせて論文を電子ジャーナル上で公開するものである。研究者にとっては，正当な査読を通らないような論文でも掲載料を支払うだけで発表できるため，論文数を水増しすることができるというメリットがある。こうした落とし穴にはまる研究者は悪意をもっていたか，冷静にジャーナルの真贋を見極めることができない状況にあったのかもしれない。しかし，研究者としての信用や評価を自ら落としめたことを自覚してもらいたい。

考えてみよう

（1）　メディア・リテラシーの5つのコア・コンセプトを例示してみよう。
（2）　ステルス・マーケティング（ステマ）をしてはいけない理由を考えてみよう。
（3）　フードファディズムにおいて，大衆の行動に影響を与える職種とその責任を考えてみよう。
（4）　フェイク・ニュースを1つ取り上げて，「だいじかなチェック」にかけてみよう。

本事例の記述は，倫理教育の立場から記述したものである。電気学会として本事例に対する見解を取りまとめたものではない。

事例 16：逸脱の正常化　―ある理工系大学の技術者倫理の講義―

（1）登場人物

教員A：ある理工系大学の技術者倫理の科目を担当して10年。大学に赴任する前は，電機メーカーの組込みシステムの部門で設計開発を経験していた。技術者育成に熱心で技術士（電気電子部門）の有資格者である。

学生B・C：学部2年生の履修生。電気電子分野のエンジニアを目指す。

学生D：学部4年生の履修生。就活中で卒業に必要な単位が不足している中，単位を取得しやすいという噂がある教員Aの技術者倫理を学ぶ。

（2）ある講義

教員A：今週の技術者倫理のテーマは引き続き「逸脱の正常化」です。先週の講義では，小レポートの課題として事前にわかる範囲で「逸脱の正常化」に関する事例を調査してレポートにまとめなさい。翌週の講義の冒頭で一部の人に発表を課す，と伝えていましたね。ではBさん。「逸脱の正常化」について理解したことを教えてください。

学生B：先週，研究室に卒業生の社会人がリクルータとして訪問されました。そこで逸脱の正常化について社会人としての見解を聞いてみました。「チャレンジャー号爆発事件」を事例として，本来，組織としてやらなければならない評価試験や評価基準をおろそかにして，これまでの失敗の分析を行わず，リスク回避のための抜本的な手を打たなかった組織行動を，ダイアン・ボーンは「逸脱の正常化」という言葉で概念化したとのことでした。

教員A：なかなかよく調べてきましたね。でも，自分の身近な例でもっと具体的に説明できますか？

学生B：ええと。思いつきません。自分の言葉で説明できません。

教員A：定期試験までまだまだ時間があるので，今週の講義を元に，再度，自分の言葉で説明できるようにまとめてください。私はnormalization of devianceの日本語訳† は，技術者の専門家に対しては，「逸脱の常態化」，一般の人，つまり公衆に対しては「逸脱の日常化」として説明しています。技術者であれば製品開発のプロジェクト（企画・研究開発・設計・製造・調達・品質保証など），販売，保守などに関わります。一般にプロジェク

† 日本語訳は正常化，常態化，日常化と区別しているが，同一概念である。

トは製品開発やサービスの創造を「期限内に達成する」ための計画，そしてそれらを実行する業務のことを指します。ここで，経済性管理のQCDという考えが一つの指標となります。技術者は自分が作りたいものを好き勝手に作る，作れるのではなく，品質（Quality），コスト（Cost），納期（Delivery）の３つの考え方とそのトレードオフが重要となります。では，Ｃさん，QCDのどれが大事だと考えますか？

学生Ｃ：今まで習った技術者倫理の考え方だと品質だと思います。理由は公衆の安全，健康，福利の最優先をしなければならないからです。いや，QCD以外にもっと大事なことがあります。

教員Ａ：裏を読みすぎです（苦笑）。確かに，今までの講義では選択肢Ａと選択肢Ｂどちらが大事ですかという問いには，ＡまたはＢでなく，第三の選択肢Ｃを検討できるのが大事と説明してきました。品質は大事ですが，再度，問います。QCDのどれが大事ですか？

学生Ｃ：QCDの全てが大事です。でもQCD全てを優先することはできないから，この先はどう答えればいいか分かりません。

教員Ａ：基本的な考え方を述べます。様々な商品開発などのプロジェクトを含む経済活動は，QCDの内，まずどれを優先するか，達成するかを決めて，残りも最低限どれだけ満たすかを決めます。このさじ加減が技術者としての面白さと醍醐味です。先のチャレンジャー号の場合は，納期がマストで，品質とコストをどれだけ確保するか，という枠組みとなります。

学生Ｄ：先生，質問です。４年生で就職活動しています。先日，ある会社の開発部門の面接で，単位が不足しているので技術者倫理を履修中です。先週「逸脱の常態化」を学びました。でも，正直によくわかりませんと話したところ，最近の大学の講義では役に立つことを教わっているね。次の面接で再度「逸脱の常態化」について聞くからよく勉強しておいで，と言われました。ほかの事例も教えてください。

教員Ａ：分かりました。２事例紹介します。最初の事例は2005年の耐震偽装問題[(1)]です。分譲マンションの耐震構造設計では耐震強度が建築基準法に定められている強度を満たすように構造計算書を作成します。ところが，Ｅ一級建築士は，本来あってはいけない，品質をおざなりにして，マンションの柱の太さ，壁の厚さ，鉄筋の量，コンクリートの量などに対して，コストを低廉にすることを最優先にして構造計算書を偽装しました。背景として，分譲マンションのデベロッパーは適正な利潤を確保するために，すでに設計の段階で，デベロッパーから経済的な品質になるような建築士，つまりエンジニアが望まれるためです。これらの偽装の影響で，本事例の分譲マンションの購入者が不利益をこうむりました。構造物の耐震強度の品質が建築基準法を満たしてなく，大きな地震が発生した場合は死傷につながるリスクとなりました。E一級建築士は偽装が発覚する前までは，経済的な設計ができる有能なエンジニアとして知られていましたが，耐震強度を満たさない構造計算書の偽装を続けたという「逸脱の常態化」だったのですね。裁判では，E一級建築士の個人犯罪であったと認定されました。「デベロッパーから圧力を受けたのではなく，経済設計のできる建築士と思わせて金を稼ぐためだった」という供述が明らかにされました。一方，E一級建築士の構造計算書の偽装に対して，元請けの設計事務所，国が指定した民間の指定確認検査機関F社，それぞれが偽装を見過ごしていました。元受けも検査機関F社も偽装を見過ごす，つまり検査体制の不備や制度の形骸化などの「逸脱の常態化」だったのです。

学生D：E一級建築士は，継続的に仕事をもらうために，「逸脱の常態化」に手を染めていた。でも自分がその立場であったら，QCDのバランスをとることは無理です。

教員A：確かに，そこまで追い込まれた状況であれば，「逸脱の常態化」に手を染め続けるしかなかったのかもしれませんね。どうしてこの事件が発覚し，その後，業界がどのような未然策を立案したかを調査してください。

教員A：もう一つの事例，これも2005年の湯沸器事故です。湯沸器の安全装置を不正改造して，一酸化炭素中毒による死亡事故が発覚しました。ポイントは湯沸器の修理業者が安全装置の不具合を取り除くため，安易に安全装置を無効とする不正改造つまり「逸脱の常態化」をしていたこと，メーカーはその修理の実態を知りつつ，点検，改修，注意喚起などの具体的な対策を取らなかったこと，となります。業者の不正改造の背景はQCDの考えで整理できます。これも自分なりに調査して，その後の対策を調べてみてください。私も学生のとき，湯沸器が冬の間3回も故障して，そのたびに修理代を半額負担させられましたが，正規の修理で良かったと思っています。

学生D：ありがとうございます。レポートにまとめて，次の面接に臨みます。面接は講義と重なっているので，次回の講義は欠席させてください。

教員A：分かりました。今週も来週もレポート課題を出しています。「納期」

を必ず守って，一定の品質以上のレポートに仕上げてくださいね。納期までレポートが出ないと，4年生といえども単位は出ませんからね。
教員Ａ：さて，次は公衆に対しては「逸脱の日常化」の事例を紹介します。今日の出席者のうち，バスで通っている人は手をあげてください。
学生Ｂ：はい。バスで「終点から2つ手前のバス停」から通っています。
教員Ａ：Ｂさんに質問です。もしバスが終点のバス停の手前の客がいない，少ないといった理由で，定常的に途中で折り返していたらどうしますか？
学生Ｂ：いつまでも待っていても時刻通りに来ないのでとても困ります。
教員Ａ：また，大学の帰り道に最終バスで寝過ごして，終点の先の営業所で一晩閉じ込められたらどうしますか？
学生Ｂ：終点の時点で，運転手は乗客が残って否かを確認する作業を何故怠っていたか，と考えます。あっ，そうか。これが元々のルールがあっての「逸脱の日常化」なんですね。
教員Ａ：大学生であれば，バスの中に閉じ込められていても，スマホ等で外部に連絡を取ることが出来ます。最近，問題になったのは，保育園や幼稚園の送迎バスで，真夏の暑い日に幼児を降ろし忘れて，熱中症による死傷事件の多発です。これらも本来，運転手が目視で直接確認するルールを蔑（ないがし）ろにした「逸脱の日常化」となります。
教員Ａ：もう一つ皆さんに聞きます。技術者倫理の単位，どうしても取りたいですか？手をあげてみてください。（みんな手を挙げる）もし，4年生に対して，卒業間際にテストの点が不足しており，本来のレポートも出していないのに，私が単位を無条件に出す。つまり，「仏の教員Ａを拝み倒せ」という噂があったらどうしますか？
学生Ｄ：とてもうれしいです。あっ，本音を言ってしまいました。これも「逸脱の日常化」にあたる事例で，許されない例ですね。
教員Ａ：生々しい話をしましたが，この講義はシラバスや学則に沿って評点を出していますので，必ず，期日までにレポートを出して，よく復習をして定期試験で合格点をとってください。4年生といえども，シラバスの評価基準から逸脱した方法で単位を認定することはありません。というオチもついた中，本日のレポート課題は，考えてみようの（1），（2），（3）を自分の視点で考え，対策までまとめてください。本日は終わりです。

考えてみよう

（1） 過去の技術者倫理の事例で「逸脱の常態化」に該当する事例の詳細を調査してみよう。事例の概要，事例の問題点（どこが逸脱しているのか），QCD それぞれの視点，未然対策をまとめてみよう。

（2） あなたの日常生活や身の回りで「逸脱の日常化」に関する事例はありませんか。その事例を分かりやすく具体的に説明してみよう。余力があれば（1）と同様に事例の概要，事例の問題点（どこが逸脱しているのか），QCD それぞれの視点，未然対策をまとめてみよう。

（3） 2005 年の耐震偽装問題[(1)] を調査し，事例の問題点（どこが逸脱しているのか），QCD それぞれの視点，未然対策をまとめてみよう。

本事例の記述は，倫理教育の立場から記述したものである。電気学会として本事例に対する見解を取りまとめたものではない。

第Ⅲ部　資料

事例と電気学会倫理綱領・行動規範との関係

収録された事例を読んで末尾の「考えてみよう」を考察するとき，判断のよりどころを確認することは重要である。企業であれば企業理念や就業規則等，教育機関であれば建学の理念や学則等をよりどころにするであろう。一般社会であれば法的規範，そして何より社会規範としての道徳観・倫理観が重要になる。

本事例集ではよりどころとして，電気学会が定める倫理綱領・行動規範を使ってみることをお勧めする。たとえば次に示すように，事例毎に倫理綱領の第何条，行動規範の第何項と関係が深いかをリストアップし，自分の言葉でその関係を記述してみるのも，一つの学習法である。

事例nと倫理綱領との関係（nは事例集の事例番号）

事例と電気学会倫理綱領とを読み比べ，関係の深さに応じて下表に例を示すように，倫理綱領各条の欄に◎○△を記入する。

綱領	1条	2条	3条	4条	5条	6条	7条	8条	9条	10条
関係	◎			○			△	○	○	

事例nと行動規範との関係

記入例を下表に示す。

行動規範	考察
1-1	安全は最優先で検討しなくてはならない。この事例では，製品が強い衝撃に対して発火・炎上するリスクがある設計になっていた点に注目する必要がある。その設計は当時の業界基準に適合していたが，発火・炎上し人が死亡した事故の発生を踏まえ，業界では基準の見直しが決まっていた。しかし，メーカーは旧設計製品をリコールする費用と放置して死亡などが発生した場合の対処費用を比較して，告知もせず放置することを選んだ。これは利用者の安全を最優先したとは言えない。
1-3	

記入用紙

事例：＿＿＿＿＿＿＿＿＿＿＿＿＿＿＿＿＿＿＿＿

電気学会倫理綱領との関係（◎○△を記入）

綱領	1条	2条	3条	4条	5条	6条	7条	8条	9条	10条
関係										

電気学会行動規範との関係

行動規範	考　　察

電気学会倫理綱領

平成10年5月21日制定
平成19年4月25日改正
令和 3 年7月14日改正

電気学会会員は，研究開発とその成果の利用にあたり，電気技術が，様々な影響やリスクを有することを認識し，持続可能な社会の構築を目指して，社会への貢献と公益への寄与を果たすため，以下のことを遵守する。
電気学会も，その社会的役割を自覚し，会員の支援を通じて使命を遂行するとともに，学術団体として公益を優先する立場で発言していく。

1. 人類と社会の安全，健康，福祉をすべてに優先するとともに，持続可能な社会の構築に貢献する。
2. 自然環境，他者および他世代との調和を図る。
3. 学術の発展と文化の向上に寄与する。
4. 他者の生命，財産，名誉，プライバシーを尊重する。
5. 他者の知的財産権と知的成果を尊重する。
6. すべての人々を思想，宗教，人種，国籍，性，年齢，障がい等に囚われることなく公平に扱う。
7. プロフェッショナル意識の高揚につとめ，業務に誇りと責任を持って最善を尽くす。
8. 技術的判断に際し，公衆や環境に害を及ぼす恐れのある要因については，その情報の時機を逸することなく，適切に公開する。
9. 技術上の主張や判断に際しては，自己および組織の利益を優先することなく，学術的な誠実さと公正さを期する。
10. 技術的討論の場においては，率直に他者の意見や批判を求め，それに対して誠実に対応する。

電気学会行動規範

平成19年4月25日制定
令和 3 年7月14日一部改正

〔前文〕

この行動規範は,「電気学会　倫理綱領」の理念の具体化を図るものであり，電気学会会員は，電気に関わる技術の研究，開発，利用および教育の実践に際して，自らの行動の道標（どうひょう）として活用していくことを宣言するものである。

道標という言葉は，この行動規範が，技術者倫理に関わる問題に直面する際の判断基準としての側面と，より良き行動を促す行動指針としての側面を併せ持つものであることを意味している。

電気学会会員は，電気技術に関する専門家として，社会からの信頼と負託に応える責任を自覚し，この行動規範に基づき，誠実にその役割を遂行していくことを誓う。

19世紀後半の揺籃期を経て，20世紀に開花した近代文明社会において，産業の発展と人々の暮らしの豊かさを担ってきた電気技術は，21世紀においても，社会システムの基盤を支える中核的な技術として，益々重要なものとなっていくことは明白である。絶え間なく生み出される革新的な技術やビジネスモデルのイノベーションも，利便性に富んだ電気技術を活用することを前提に開発・創造されるものが多く，電気技術は科学・技術の発達や新しい文明の創造に不可欠な存在となっている。

その一方で，急激な人口の増加を背景に，物質的に豊かな社会を追求する人々の願いを重ねあわせ，経済発展を優先した近代文明社会は，大量の資源・エネルギーを消費し，環境への負荷を増大させ続けてきた。エネルギー供給と人・物資の輸送等に関わる技術も，人々に多大な便益をもたらすのと引き換えに，大気汚染など地域的な環境問題から，気候や生態系への影響が懸念される温暖化など地球規模の問題にまで影響を与えている。これに対し，国連サミットにおけるSDGs（持続可能な開発目標）の制定など，現代社会はこれらを克服するための国際的な連帯・政策協調と技術開発を目指して活動を開始している。同時に大地震や洪水などの自然災害に対する社会のレジリエンスも求められ，自然と人類とが共生していくための環境倫理の確立と維持が求められている。

また，20世紀終盤に飛躍的に進化した情報通信技術は，21世紀においてもインターネット，スマートフォン，人工知能（AI）などの技術開発や普及を進めた。さらに，パンデミック下におけるリモートワークの進展など，多くの社会活動においてデジタル化が急激に進んでいる。その進展による利便さの一方で，データの不適切な利用や管理，プライバシーの侵害，脆弱なセキュリティの問題が生じている。これに対し，法制化を含め社会としても対処を進めつつあるが，十分とはいえず，情報倫理の確立と維持が重要な課題である。

さらに，倫理観の持ち方として，技術者個人として，公共の福祉に貢献するとともに，その貢献によって自らの幸福を実現するという志向倫理の考え方も浸透しつつあり重要になっている。

このような中で電気学会会員は，電気技術の専門家としての自覚と誇りをもって，主体的に持続可能な社会の構築に向けた取組みを行い，国際的な平和と協調を維持して次世代，未来世代の確固たる生存権を確保することに努力する。また，近現代の社会が幾多の苦難を経て獲得してきた基本的人権や，産業社会の公正なる発展の原動力となった知的財産権を擁護するため，その基本理念を理解するとともに，諸権利を明文化した法令を遵守する。さらに，日常の様々な局面で契約を締結する場合，人類社会や環境に対して重大な影響を及ぼす事柄については，その内容を吟味し，社会正義実現の観点から，契約締結の是非を判断する。

電気学会会員は，自らが所属する組織が追求する利益と，社会が享受する利益との調和を図るように努め，万一双方の利益が相反する場合には，何よりも人類と社会の安全，健康および福祉を最優先する行動を選択するものとする。そして，広く国内外に眼を向け，学術の進歩と文化の継承，文明の発展に寄与し，多様な見解を持つ人々との交流を通じて，その責務を果たしていく。

電気学会を構成する個人会員は，この行動規範が，自律的な精神を有した会員の意識と行動とによって息吹を与えられるものであることを認識し，率先垂範する。

また，団体会員（事業維持員）は，この行動規範の趣旨を理解し，組織内の体制整備に努力する。

さらに，専門家集団としての電気学会自身も，その社会的な存在・役割を自覚し，会員の支援を通じて使命を果たしていくとともに，学術団体として既成概念にとらわれない視点も大切にして，公益を優先・確保する立場で発言していく。

行動規範に，日常起こり得るあらゆる課題を網羅するのは不可能であるため，ここに収録されていない課題に対処する場合には，その趣意に立ち返り，人間として護るべき価値は何であるかを想い起こして行動する。

なお，いかなる規範も，それが形成された時代の社会情勢と価値基準の影響を受けるため，時代の変遷の中で，必要に応じて見直していくべきものであることは当然である。

1．人類と社会の安全，健康，福祉をすべてに優先するとともに，持続可能な社会の構築に貢献する。

1-1　効率・利益優先への戒め

会員は，効率化や目先の利益のみを優先することなく，安全や健康，福祉を常に最優先に考え行動する。また，資金や人的資源などを理由に安全性の低下や健康，福祉が阻害された状態を放置しない。

1-2　安全の確保と環境保全

会員は，電気技術が公衆の安全や環境を損なうことにより健康および福祉を阻害する可能性があることを強く認識し，技術が暴走し破滅的な結果を招かないよう，安全の確保と環境保全のため常に最大限の努力を払う。また，電気学会および団体会員（事業維持員）は，安全と環境管理に関する責任体制を明確にし，維持する。

1-3　安全知識・技術の習得

会員は，電気技術に関連する事業，研究などにおいて，法令・規則を遵守することはもちろん，安全を確保するために必要な専門知識・技術の向上に努める。

1-4　持続可能な社会の構築

会員は，電気技術を通じて人類と社会の安全，健康および福祉に貢献し，経済の発展や資源・エネルギーの確保，環境の保全という課題をともに克服していくと共に，国際的な平和と協調を維持していきながら，未来の世代がより安全かつ快適に生活できる持続可能な社会を構築していく。

2．自然環境，他者および他世代との調和を図る。

2-1　自然環境，他者および他世代との持続可能な関係の維持

会員は，科学技術が損なってきた自然環境，他者の生命や人格，および他世代との間の互恵的な関係を持続可能にすることが，科学技術の一翼を担う電気技術者の責任であると自覚し，そのために率先して行動する。

2-2　畏敬の念

会員は，自然環境，他者および他世代によって生かされ護られていると同時にこれらは自らの責任において護るべきものであることを強く認識し，これらに対して本来献げるべき畏敬の念を持たねばならない。

2-3　謙虚さと英知の結集

会員は，個人の能力の限界を謙虚に受け止め，他の専門家と協同して英知を結集し，科学技術が地球規模かつ長期的観点から人類と社会の安全，健康および福祉に貢献するように研究開発を推進する。

2-4　社会の一員としての自覚

会員は，社会の一員として主体的に責任を果たすため，技術者共同体の枠に閉じこもらず，視野を専門技術以外にも拡げ，技術以外の分野からも広く学び，もって社会的発言力を高めなければならない。学会は，会員のそのような努力を支援することによって，自らも持続可能な社会の一構成員としての役割を果たす。

2-5　倫理観の陶冶

会員は，技術者の倫理観の欠如が自然環境，他者および他世代との持続可能な関係を損なう結果を招くことを認識し，技術力向上は言うに及ばず，自己の倫理観の陶冶にも常に関心を持ち，互いにそのような雰囲気の醸成を日頃から心がける。

3．学術の発展と文化の向上に寄与する。

3-1　学術の発展への寄与

会員は，電気に関する学術及び技術の絶えざる更新・改善・発展を通して，持続可能な社会の構築に貢献する。

学会は，会員の諸活動を通じて公表された科学的・技術的知識の蓄積・普及や様々な技術標準の策定などを着実に実行していく。

3-2　着実な技術伝承の実践

会員は，電気技術者が社会インフラシステムの安全な設計と運用に重大な責任を持っていることを自覚し，技術力の維持・向上に努めつつ，着実な技術伝承を実践する。

3-3　文化の向上への寄与

会員は，新たな技術の供与にとどまらず，新技術が社会に生み出す文化が健全であるように，技術にかかわる教育・啓発活動を個々の所属する組織だけでなく，学会などを通じて広く積極的に行い，社会の精神文化の向上に貢献する。

3-4　批判的精神の発揮

会員は，電気技術に関する諸課題に対して，既成概念にとらわれず，科学的検討にもとづく建設的批判を，自らの責任において適宜に誠実に行っていくことを，学術団体である学会に属する会員としての使命と自覚する。

学会は，会員にそのための議論の場を提供するなど会員の活動を積極的に支援するとともに，自ら社会に向かって適宜に発言していく。

3-5　迅速・的確なコメントの発信

学会は，報道機関等が大きく取り上げるような，電気技術に関連した事件・事故が起こった場合，専門的かつ中立的な立場でコメントを発信し，無用な混乱を排除するよう努める。

4．他者の生命，財産，名誉，プライバシーを尊重する。

4-1　技術の持つ矛盾への認識

会員は，安全，健康および福祉を目的とする電気技術の発展が時には他者の生命，財産，名誉，プライバシーを損なう恐れがあるという深刻な矛盾を真摯に受け止め，他者及びその総体としての社会への脅威を低減するために努力する。

4-2　技術の不完全性への認識

会員は，技術は限られた時間と予算などの中で最善を尽くした結果として世に出されるものであって，常に不完全性を残しており，危険と欠陥を内包していることを忘れてはならない。フェールセーフなどの安全性確保や，事故データの収集・一元化などの改善への努力を惜しんではならない。

4-3　技術の悪用への注意

会員は，技術は使い方によっては凶器となりうることを強く認識し，技術の製造者としては可能な限り悪用防止の工夫をし，技術の使用者としては悪用して他者の生命，財産，名誉，プライバシーを侵害してはならない。

4-4　情報通信技術による名誉毀損，プライバシー侵害の防止

会員は，近年急速に発達したAIを含む情報通信技術が，名誉毀損やプライバシー侵害を容易に引き起こす可能性があることを意識し，ネットワークの利用，電子情報の保管・管理にあたっては特に気を付ける。

4-5　技術移転に伴うリスク回避

会員は，自らが研究開発し，製造・提供する製品とサービスに万全を期するよう最大限努力するとともに，技術の海外移転に際しては，安全保障を脅かす可能性のある技術流出を防止するために十分な措置を講ずるよう努める。

5．他者の知的財産権と知的成果を尊重する。

5-1　創造性・独創性を尊重する風土の形成

会員は，優れた技術の研究，開発，利用および教育が，各人の創造性と独創性を源泉として遂行されることを踏まえ，自らが所属する組織内も含め，他者のアイディアや手法，その他知的成果全般の帰属を確認・尊重する。

5-2　産業財産権侵害を回避するための事前調査の励行

会員は，特許権に代表される産業財産権が，発明者の創意工夫の優れた果実であるとともに，こうした権利の保護が，産業社会の公正なる発展の原動力となっていることを認識し，産業財産権を侵害することがないように，基本的な事前調査を励行する。

5-3　著作権侵害を回避するための基本ルールの理解促進

会員は，論文やソフトウェア・プログラムなどの著作権も，産業財産権同様に著作者の創造性と努力の結晶であり，学術的価値のみならず多大な経済的価値を有することも少なくないことを理解し，著作者人格権も含め，最大限尊重する。

学会は，学術団体として，自ら刊行する電気学会論文誌など各種の著作物が他者の著作権を侵害することがないように，会員に対して基本ルールを遵守するように働きかける。

5-4　営業秘密の不正取得・使用・開示の禁止

会員は，秘密として管理されている事業活動に有用な技術あるいは営業に関わる情報も，法的保護を受ける貴重な知的財産であることを認識し，不正に取得・使用・開示することのないように細心の注意を払い，それらの権利を擁護する。

6．すべての人々を思想，宗教，人種，国籍，性，年齢，障がい等に囚われることなく公平に扱う。

6-1　他者の尊重

会員は，自分と異なる他者を，思想・宗教・人種・国籍・性・年齢・障がい・職業・役職・雇用形態などにより差別せず，その多様性を尊重し，他者と互いに協調して，機会均等で公正な社会の実現に努める。

6-2　差別的行為の禁止

会員は，自らの差別意識をなくすように努めるとともに，職場や大学など自己が所属する組織におけるセクシャルハラスメント，パワーハラスメント，アカデミックハラスメントなど，優位性のある立場を利用した他者への差別的侵害行為の撲滅に努力する。

6-3　技術の差別・偏見助長的性格への注意

会員は，技術が差別・偏見を助長し拡大させ得る性格があることを認識し，その開発にあたっては，その防止に努めるとともに，差別を受ける人々の不利益にも十分配慮する。

6-4　異分野の人々との協働

会員は，電気技術が政治，経済，法律などの異分野の学問や社会生活全般と深く関連していることを自覚し，これらに携わる多様な人々とも広くコミュニケーションを図り，大規模かつ複雑な社会の諸課題の解決に，協働して取り組む。

7．プロフェッショナル意識の高揚につとめ，業務に誇りと責任を持って最善を尽くす。

7-1　専門能力の不断の向上

会員は，電気技術に関連する業務において，求められる専門技術や世の中の倫理観が時代と共に変化することを認識し，法令・規則を遵守することは勿論，常に自らの専門知識・技術の習得ならびに倫理的行動を取るために必要な能力の向上に努める。

7-2　関係者の専門能力向上のための環境整備

会員は，電気技術の専門家として自らが研鑽に励むだけでなく，自身の監督下にある者，さらには関係者の専門能力維持・向上のため，研鑽の機会を与えると共に環境整備に努める。

7-3　社会への影響を見据えた研究開発の推進

会員は，研究開発とその成果の利用にあたっては，電気技術がもたらす社会への影響，リスクについて十分に配慮する。

7-4　技術成熟の過信への戒め

会員は，電気技術の成熟を過信して，安全性への配慮を怠ってはならない。今後とも新たな技術的問題が出ることがありうるとして，緊張感を持って新しい事象が発生する可能性に留意する。

7-5　ワーク・ライフ・バランスの実現

会員は，一人ひとりが社会の一員であるとの認識に立ち，家族や地域社会との交流を大切にしながら，ワーク・ライフ・バランスに心がけ，思いやりの心を常に持ち，誇りと責任を持って誠実かつ積極的に業務を実施する。

7-6　プロフェッショナルとしての幸福の追究

会員は，自己の専門および関連領域においての研鑽により自らが成長するとともに，その活動により他者や社会に貢献することで，自己の幸福を実現することに努力する。

8．技術的判断に際し，公衆や環境に害を及ぼす恐れのある要因については，その情報を時機を逸することなく，適切に公開する。

8-1　情報公開の体制整備

会員は，所属する組織において，情報公開についての迅速かつ適切な判断ができる風土醸成および情報公開の手順を含めた体制整備がなされているかに日頃から注意を払い，不十分な場合は，組織に改善を働きかける。

8-2　正確な情報の取得

会員は，事故や安全に係る情報が，公衆や環境に大きな影響を与える可能性があることを認識し，専門家として常に正確な情報の取得および確認を励行する。

8-3　情報公開の手順

会員は，自身や所属する組織に不利な情報や守秘義務違反に係る情報であっても，公衆や環境に大きな影響を与え，公衆の安全確保のために公開する以外に手立てがないと判断した場合は，迅速にその情報を公開する理由を明確にし，所属する組織の情報公開の制度に則り，公開の可否について検討する。

8-4　社会に対する説明責任の遂行

会員は，情報を公開する場合には，時機を逸することなく，相手に応じた適切な表現を用いることに留意し，専門家でない者にもわかりやすい明快な説明を行う責任があることを自覚する。

8-5　非公開情報の取り扱い

会員は，公衆の安全・利益等のために公開することが不適切と判断されるものについては公開してはならない。ただし，公開しない理由についても必要に応じて説明しなければならないことを認識する。

9．技術上の主張や判断に際しては，自己および組織の利益を優先することなく，学術的な誠実さと公正さを期する。

9-1　組織の利益と技術上の主張・判断の区別

会員は，技術上の主張・判断については，組織の利益を優先することなく，自主的・自律的，かつ誠実に行動しなければならない。

9-2　事実の尊重

会員は，科学技術に関わる発言をする際には，科学的に得られた事実に基づかなければならない。すなわち，データ改ざん，捏造，盗用，隠蔽などはもちろん，自分に都合のよい誇張，歪曲など一面的な表現をしていないか，常に自問する。

学会は，会員の不正行為が明らかとなった場合には，厳正に対処するとともに，事実に基づかないことで名誉を傷つけられた会員を支援するべく，社会的信頼の回復に向けて，迅速かつ適切な措置を行う。

9-3　出典，データなどの保管，管理

会員は，主張や判断の基になった出典や，自ら取得した実験データの記録などは，必要に応じて後で追えるように保管，管理しなければならない。学会は，学会誌，論文誌，技術報告書，図書の発行ならびに図書室を運営し，これを支援する。

9-4　事実，推察の区別

会員は，自らの能力をどんなに高めても，まだ分からない事もあることを認識し，既知の事実，学理からの導出，自らの経験等に基づく推察などをきちんと区別しなければならない。

9-5　技術上の主張や判断における誠実さ，公正さ

会員は，話し合う相手が，電気技術の専門家であろうとも，電気技術の専門知識を持たない人々であろうとも，誠実，かつ公正な立場で対応し，相手に理解してもらえる適切な表現を使わなければならない。

9-6　学会の場における誠実さ，公正さ

会員は学会の場において常に誠実さ，公正さをもって行動し，これを利用して競争法等の法令・その他コンプライアンスに違反する行為を行ってはならない。

10. 技術的討論の場においては，率直に他者の意見や批判を求め，それに対して誠実に対応する。

10-1　討論の場における率直さ

会員は，討論の場においては，自分の主張をするだけでなく，率直に他者の意見や批判を求め，区別することなく聴く態度が必要であり，一人でも不誠実，公正さを欠く行動をすれば，技術者全体の信用が失われることを忘れてはならない。

10-2　否定的な意見の受入

会員は，独力で知識，能力を高めるだけでなく，他者とコミュニケーションを図り，特に否定的な意見の中からも新たな視点が得られるよう誠実に受け止めなければならない。

10-3　他の技術者との交流

会員は，同じ技術分野の技術者と討論することはもちろん，異なる技術分野の技術者とも機会を捉えて積極的にコミュニケーションを図り，自らの能力だけでなく，相手の能力をも高めるべく誠実に議論し，誤りがあれば勇気を持って正す。

学会は，研究発表会，講演会，講習会，見学会などの開催を通して，交流の場を提供するとともに，国内外の異なる技術分野の関係学術団体とも，協力および連携する。

あとがき

2010年7月に初めて電気学会から技術者倫理事例集を発行してから，およそ14年の歳月が流れました。

これまで倫理委員会教育ＷＧでは，学会会員ならびに一般社会（大学関係者，企業内技術者等）に向けた，実践的で使いやすい事例集を作成するとともに，研修会やフォーラムの開催を通じた倫理啓発活動など，着実な成果を上げてきました。

2021年度に改訂した電気学会「倫理綱領」と「行動規範」を学会会員他に広く周知・浸透させるため，そして，時代に即した倫理事例集を作成するため，倫理委員会と直結した「技術者倫理事例集第3集ＷＧ」を設置し，新しい倫理事例集の編纂活動を進めてまいりました。

倫理事例集第3集においては，既刊2冊の事例集の実績を踏まえ，利用者等各方面から寄せられている声に応え，以下が特徴となる事例集を作り上げることを目標としてきました。

（1）多発する，しかも深刻化している企業倫理を問われる不祥事を企業人に考えてもらい，長い間日本を支えてきた文化・技術を基本から考えてもらい，明るく健全な企業風土を育む一助とする。

（2）近い将来，専門家として巣立つ学生や若手技術者に，『技術する』とは何か，『研究する』とは何か，を考えさせる。

（3）最近特に注目が集まっている研究公正の事例を用意する。

高度化し複雑化する科学技術が生み出す，難解な問題や意地悪な問題，広範囲な分野に渡る問題にアプローチするためには、自分の専門領域を超えた広い領域の知見と対応力が求められるようになっています。第3集の作成に当たっては、第1集、第2集に増してこの点を意識し、執筆者には電気学会員だけでなく文系理系を問わず幅広い領域の専門家の方々に参画をお願いし、執筆者グループや電気学会研究会等での議論を深めました。この事例集が時代の最先端で活躍する方々、これから活躍しようとする方々の参考になることを祈念します。

模範解答は示しておりません。課題解決のためには，解の候補をいくつも自分で考えて，その中から最適なものを選び，説明してみることをお勧めします。

なお，上記目標（2）の用語『技術する』について付言します。技術者倫理は engineering ethics の翻訳語として 2000 年前後から頻繁に用いられてきました。engineering の元の形は動詞の to engineer です。また，倫理（ethics）で重要なのは行為，人の行いです。行いの善し悪しは動詞で表現すると考えやすい。そこで意図して『技術する』との動詞形を用いています。

この事例集は，どなたでも書店などでお買い求めいただける形の出版書籍としたものです。今回掲載した事例も今後ご活用いただく中で，新たな社会環境の変化などに伴い，内容が陳腐化していたり，時代情勢にそぐわないものが出てくるものと思います。倫理委員会では今後も事例集の事例の改編，追加を検討していく予定です。

本事例集に対する，御指摘事項，改良案，新たな事例提案等，ございましたら以下の連絡先にお寄せ頂けますと幸いです。今後の事例集の更なる充実を図り，学会活動を通して推進する倫理活動の拠り所として作り上げていきたいと考えております。

皆様のご指導ご鞭撻（べんたつ）を是非よろしくお願いします。

連絡先：電気学会 倫理委員会（技術者教育担当）
電　話：03-3221-3710　FAX：03-3221-3704
メール：rinri@iee.or.jp

なお，この事例集を教材としてご利用いただく教員，講師の方々ために，『ティーチングノート』および『パワーポイント集』を用意しております。こちらにつきましては，指導用のサマライズ版だけでなく，本書内で掲載しきれなかった内容や，追加の補足情報等，さらなる学習を深めるための有用かつ貴重な情報を掲載しております。より深い学習や指導のための一助として大いに活用頂ければと存じます。ご関心の向きは上に記した連絡先にご一報を頂けますよう，よろしくお願い致します。

以上

【引用・参考文献】

事例と事例集の使い方

（1）電気学会倫理委員会編：「技術者倫理事例集」，電気学会（2010）
（2）電気学会倫理委員会編：「事例で学ぶ技術者倫理－技術者倫理事例集（第2集）」，電気学会（2014）
（3）L.B. バーンズ他（著），高木晴夫（訳）：「ケースメソッド実践原理－ディスカッション・リーダーシップの本質」，ダイヤモンド社，p.1（1997）

基礎1：エンジニアとエンジニアリング

（1）長井寿：「工学の第3の波を期して－ヘンリー・ダイアーの日本への思いを読む」，ふぇらむ（2010）
（2）日本技術者教育認定機構：「技術者教育認定に関わる基本的枠組」，（2020年改定）
https://jabee.org/doc/wakugumi200131.pdf　最終参照日 2023.9.4

基礎2：技術者倫理と倫理学の視点

（1）金沢工業大学・科学技術応用倫理研究所編：「本質から考え行動する科学技術者倫理」，白桃書房，pp. 38-41（2017）
（2）札野順編著：「新しい時代の技術者倫理」，放送大学教育振興会，p. 52（2015）
（3）札野順編著：前掲書，p. 95
（4）札野順編著：前掲書，p. 96
（5）札野順編著：前掲書，p. 94
（6）札野順編著：前掲書，p. 95
（7）札野順編著：前掲書，p. 95
（8）金沢工業大学・科学技術応用倫理研究所編：前掲書，pp. 32-34
（9）藤本温編著：「技術者倫理の世界」，森北出版，p. 93（2002）
（10）赤林朗編：「入門・医療倫理Ⅱ」，勁草書房，p. 52（2007）
（11）藤本温編著：前掲書，pp. 101-102
（12）藤本温編著：前掲書，p. 102
（13）藤本温編著：前掲書，p. 95
（14）赤林朗編：前掲書，p. 20
（15）C. ウィットベック（札野順・飯野弘之訳）：「技術倫理1」，みすず書房，第1章（2000）
（16）札野順編著：前掲書，pp. 127-135
（17）金沢工業大学・科学技術応用倫理研究所編：前掲書，pp. 45-52
（18）金光秀和：「技術者倫理教育の展開に関する一考察：技術哲学の観点から」，工学教育，Vol.69，No.5 pp. 31-32（2021）
（19）吉澤剛：「責任ある研究・イノベーション－ELSIを越えて－」，研究技術計画，Vol.28，No.1，pp.107-108（2015）
（20）日本医療研究開発機構：「AMEDの活動」 https://www.researchethics.amed.go.jp/genome/research/index.html　最終参照日 2022.12.21
（21）第5期科学技術基本計画　https://www8.cao.go.jp/cstp/kihonkeikaku/5honbun.pdf　最終参照日 2022.12.21
（22）科学技術・イノベーション基本計画の検討の方向性（案）　https://www8.cao.go.jp/cstp/tyousakai/kihon6/chukan/honbun.pdf　最終参照日 2022.12.21
（23）金光秀和：前掲論文，p. 32
（24）金光秀和：前掲論文，pp. 33-34
（25）Harris, C. E., Pritchard, M. S., Rabins, M. J.／日本技術士会訳編：「科学技術者の倫理　その考え方と

事例」，丸善，pp. 8-9（1998）
(26) 札野順編著：前掲書，pp. 19-24
(27) 札野順：「倫理的な技術者は「幸せ」か」，電気学会誌，Vol.135，No.5，pp. 283-286（2015）
(28) M．クーケルバーク／直江清隆訳者代表：「AIの倫理学」，丸善出版，p. 141; pp. 146-147（2020）
(29) M．クーケルバーク／直江清隆訳者代表：前掲書，p. 149
(30) M．クーケルバーク／直江清隆訳者代表：前掲書，p. 150

基礎3：企業の中での技術者の役割と責任（技術者倫理の観点から）

(1) P・F・ドラッガー著，上田惇生編訳：「マネジメント基本と原則【エッセンシャル版】」，ダイヤモンド社（2001）

基礎4：技術者倫理を検討する際に使える構図と使い方

(1) 総務省「各種電波利用機器の電波が植込み型医療機器等へ及ぼす影響を防止するための指針」，(2018年7月) https://www.tele.soumu.go.jp/resource/j/ele/medical/guide.pdf 最終参照日 2023.9.8
(2) 電気学会編：「電気工学ハンドブック（第7版）」，47編5章「技術者倫理」，図47-5-2，p.2457（2013）

事例1：チャレンジャー号事故再考

(1) NASA：“Report of the Presidential Commission on the Space Shuttle Challenger Accident”, p.3, June 6th, 1986
(2) 西村幹夫：「スペースシャトル『チャレンジャー』はなぜ爆発したか－米国の技術社会の退化－」，朝日新聞社調査研究室，pp.17-20, p.85，ISSN 0918-6697（1992），スペースシャトルのサイズ等のデータはpp.17-20, p.85
(3) NASA："Final Status Report"（1987），本図はロジャーズ報告書の1年後にNASAが大統領に提出した報告書掲載の図であり，「西村」（前出）：pp.404にも収録されている。
(4) 週刊朝日：「1986年2月14日号」，pp.28-29
(5) 毎日新聞：「1986年5月11日号」
(6) https://www.shippai.org/fkd/cf/CA0000645.html　最終参照日 2023.9.5
(7) https://www.hq.nasa.gov/alsj/a13/AS13-59-8500HR.jpg　最終参照日 2023.9.5
(8) 例えば，マイケル・ロベルト：「決断の本質」，ウォートン経営戦略シリーズ，pp.244-245（2006）
(9) 朝日新聞：「1986年2月27日夕刊」
(10) 澤岡昭：「衝撃のスペースシャトル事故調査報告書－NASAは組織文化を変えられるか」，中央労働災害防止協会，中災防新書，p.49（2004）

事例2：ジョンソン・エンド・ジョンソンの事例について

(1) Johnson & Johnson：“Our Credo” ジョンソン・エンド・ジョンソン：「我が信条」，https://www.jnj.co.jp/jnj-group/our-credo　最終参照日 2023.9.10
(2) ジョンソン・エンド・ジョンソン株式会社：「タイレノールものがたり」，https://www.tylenol.jp/story02.html（現在は掲載なし）
(3) Lawrence G. Foster：“The Johnson & Johnson Credo and the Tylenol Crisis”, New Jersey Bell Journal, Vol.6, No.1 pp.4-5（1983）（筆者日本語訳）
(4) 吉田誠一郎：「クレドが『考えて動く』社員を育てる！」pp.5-6（2008）

事例3：新幹線と地震対策 PART Ⅱ

(1) 電気学会倫理委員会：「事例で学ぶ技術者倫理－技術者倫理事例集（第2集）」，新幹線と地震対策，

pp.24-27，電気学会（2014） http://denki.iee.jp/?page_id=11165 最終参照日 2024.3.16
（2）兵庫県西宮市：「『にしのみやデジタルアーカイブ』1995 年 1 月 19 日山陽新幹線上太市 1 丁目」 https://archives.nishi.or.jp/04_entry.php?mkey=36162 最終参照日 2024.3.16
（3）国土交通省鉄道局：「新幹線脱線対策協議会」の結果について土木構造物の耐震性能の強化 別紙 1（2011） https://www.mlit.go.jp/common/000144351.pdf 最終参照日 2024.3.16
（4）航空・鉄道事故調査委員会：「鉄道事故調査報告書」RA2007-8-1，東日本旅客鉄道株式会社 上越新幹線浦佐駅～長岡駅間列車脱線事故（2007） 図 2 は p.38 付図 2 軌道の損傷状況等（その 1） https://www.mlit.go.jp/jtsb/railway/rep-acci/RA2007-8-1.pdf 最終参照日 2024.3.16
（5）東日本旅客鉄道株式会社：「新潟県中越地震による新幹線の脱線現象の解明と脱線対策について」 3. 脱線対策（2005） https://www.JReast.co.jp/press/2005_2/20051020/no_5.html 最終参照日 2024.3.16
（6）国土交通省鉄道局：「第 12 回新幹線脱線対策協議会用資料」，別紙 2 新幹線脱線対策の進捗状況，図 3 は p.3（2013） https://www.mlit.go.jp/common/000990257.pdf 最終確認日 2024.5.7
（7）畑村洋太郎：「だから失敗は起こる」，p58 NHK 出版（2007）
（8）運輸安全委員会：「鉄道事故調査報告書 東日本旅客鉄道株式会社 東北新幹線仙台駅構内列車脱線事故」，（2013） 図 4 は p.6，図 5 は p.15
https://www.mlit.go.jp/jtsb/railway/p-pdf/RA2013-1-1-p.pdf 最終参照日 2024.3.16
（9）運輸安全委員会：「鉄道事故調査報告書 RA2017-8，九州旅客鉄道株式会社 九州新幹線熊本駅～熊本総合車両所間 列車脱線事故」，p.7（2017）
https://www.mlit.go.jp/jtsb/railway/rep-acci/RA2017-8-2.pdf 最終参照日 2024.3.16
（10）総務省消防庁：「消防白書熊本地震の被害と対応」，p.11 4.2. ア 地震対応の検証と課題，（2016） https://www.fdma.go.jp/publication/hakusho/h28/items/special1.pdf 最終参照日 2024.3.16
（11）東日本旅客鉄道：プレスニュース「東北新幹線の脱線車両の概要と復旧作業について」，p.2（2022） https://www.JReast.co.jp/press/2021/20220325_ho02.pdf 最終参照日 2024.3.16
（12）日本地震工学会：「地震の振動特徴を考慮した鉄道車両の実験的研究」，日本地震工学会論文集第 13 巻，第 5 号，（2013） https://www.jstage.jst.go.jp/article/jaee/13/5/13_5_33/_pdf
最終参照日 2024.3.16
（13）国土交通省：「新幹線の地震対策に関する検証委員会中間とりまとめ」（2022）
https://www.mlit.go.jp/tetudo/content/001578306.pdf 最終参照日 2024.3.16
（14）日経新聞（電子版）：「新幹線脱線，震災の教訓生きず防止装置の効果不十分」（詳細は会員限定版），（2022） https://www.nikkei.com/article/DGXZQOUE174020X10C22A3000000/
最終参照日 2024.3.16
（15）朝日新聞（DEGITAL）：「東北新幹線，脱線しても横転はせず過去の事故教訓に導入された装置」（詳細は有料記事），（2022） https://www.asahi.com/articles/ASQ3K64QYQ3KUTIL03J.html
最終参照日 2024.3.16

事例 4：太陽光発電の傾斜地への展開の課題

（1）新エネルギー・産業技術総合開発機構（NEDO）：「傾斜地設置型太陽光発電システムの設計・施工ガイドライン 2021 年版」（2021）
（2）新エネルギー・産業技術総合開発機構（NEDO）：「地上設置型太陽光発電システムの設計ガイドライン 2019 年版」（2019）
（3）経済産業省産業保安グループ電力安全課：「今夏の太陽電池発電設備の事故の特徴について」，第 14 回新エネルギー発電設備事故対応・構造強度 WG 資料 1（2018）
（4）羽田野袈裟義・大木協：「太陽光発電設備の豪雨による事故の事例と留意事項 - 傾斜地設置を焦点に」，電気学会教育フロンティア研究会資料（2023）
（5）植松康：「太陽光発電システムの風荷重と耐風性能評価」，太陽エネルギー，Vol.42，No.4，pp.1-14（2016）

（6）日本規格協会：「JIS C8955：2017 太陽電池アレイ用支持物の設計用荷重算出方法」（2017）

事例 5：米国 NSPE 倫理規定と日米倫理観比較

（1）https://www.nspe.org/membership/nspe-who-we-are-and-what-we-do（日本語訳：筆者）
最終参照日 2023.9.10
（2）https://www.nspe.org/resources/ethics/code-ethics/history-code-ethics-engineers
最終参照日 2023.9.10
（3）https://www.nspe.org/resources/ethics/code-ethics/japanese-translation　最終参照日 2023.9.10
（4）神野・廣瀬：「倫理：あなたが審判個人の裁量」，JSPE マガジン Vol.59 pp.16-19（2022）

事例 6：日本企業初の人権報告書

（1）United Kingdom：'Modern Slavery Act 2015'（2015）
（2）ビジネスと人権に関する行動計画に係る関係府省庁連絡会議：「『ビジネスと人権』に関する行動計画（2020-2025）」（2020）
（3）藤田香：「『現代奴隷』が経営を揺るがす狭まる投資家の包囲網」，日経 ESG，
http://project.nikkeibp.co.jp/ESG/atcl/feature/00062/?P=4　最終参照日 2023.5.28
（4）渡邉純子：「英国現代奴隷法の強化と『現代奴隷』」，BUSINESS LAWYERS，
http://www.businesslawyers.jp/articles/925　最終参照日 2023.5.30
（5）Unilever plc：'HUMAN RIGHTS REPORT 2015'（2015）
（6）畠中裕史：「ビジネスと人権－人権デュー・ディリジェンスの進め方」，（株）クロスボーダーコンサルティング（2022）
（7）（独）労働政策研究・研修機構：「国連指導原則と国別行動計画」，
https://www.jil.go.jp/foreign/labor_system/2021/07/preface.html　最終参照日 2022.12.22
（8）日本国：「日本国憲法」（1946）
（9）新村出編：「広辞苑第七版」，岩波書店（2018）
（10）法務省人権擁護局：「人権の擁護」（2022）
（11）ANA ホールディングス（株）：「人権報告書 2018」（2018）
（12）（株）日経ビーピーコンサルティング：「ANA ホールディングスが日本企業初の『人権報告書』を発行した理由」，CCL.，
https://consult.nikkeibp.co.jp/ccl/atcl/20200204_1/　最終参照日 2022.12.22
（13）ANA ホールディングス（株）：「ANA グループ人権方針」（2016）
（14）味の素（株）：「国連指導原則報告フレームワーク日本語版」（2017）

事例 7：私心を去り信念を貫く

（1）稲盛和夫 OFFICIAL SITE：「私心のない判断を行う」，
https://www.kyocera.co.jp/inamori/about/thinker/philosophy/words21.html　最終参照日 2023.5.3
（2）更正会社株式会社日本航空コンプライアンス調査委員会：「調査報告書（要旨）」（2010）
（3）大鹿靖明：「堕ちた翼ドキュメント JAL 倒産」，朝日新聞出版（2010）
（4）稲盛和夫：「新版・敬天愛人ゼロからの挑戦」，PHP ビジネス新書（2015）
（5）稲盛和夫 OFFICIAL SITE：「日本航空の再生を支援（2010 年）－日本航空を再生させた『フィロソフィ』と『アメーバ経営』－」，https://www.kyocera.co.jp/inamori/archive/episode/episode-18.html
最終参照日 2023.5.3
（6）大西康之：「稲盛和夫最後の闘い JAL 再生にかけた経営者人生」，日本経済新聞出版社（2013）
（7）掛川観光協会：「西行法師の歌碑（小夜の中山公園）」
https://www.kakegawa-kankou.com/kanko/guide/facility_detail.php?_mfi=302　最終参照日 2023.5.21

（8）DIAMOND Online：「『人命と利益どちらが大事か』稲盛和夫氏がJAL再建中に放った納得の回答」（2022.9.18 6：01 配信）
（9）稲盛和夫：「アメーバ経営－ひとりひとりの社員が主役」，日経ビジネス人文庫（2010）
（10）日本航空（株）：「JAL フィロソフィ」 https://www.jal.com/ja/philosophy-vision/conduct/ 最終参照日 2023.5.3
（11）日本航空（株）：「日本航空株式会社（連結）財務諸表（貸借対照表・損益計算書）・財務データ」 https://www.jal.com/ja/investor/library/xls/data_22-01.xlsx 最終参照日 2023.7.15

事例 8：電気関係報告規則に該当する電気事故報告

（1）経済産業省：「電気関係報告規則第3条及び第3条の2の運用について」（内規）（制定 20210319 保局第1号令和3年3月31日，一部改正 20220328 保局第2号令和4年4月1日）経済産業省大臣官房技術総括・保安審議官太田雄彦 https://www.meti.go.jp/policy/safety_security/industrial_safety/sangyo/electric/detail/20220331-2.html?from=mj 最終参照日 2024.3.21

事例 9：岡崎市立中央図書館事件

（1）日本の図書館調査委員会編集：「日本の図書館統計と名簿 2021」日本図書館協会図書館調査事業委員会，pp.176-177（2022）
（2）Librahack：「岡崎市立中央図書館と相互確認したこと」，http://librahack.jp 最終参照日 2023.9.8
（3）岡崎市図書館交流プラザりぶら：「“Librahack” 共同声明」 https://www.libra-sc.com/ 過去の事業実績 /librahack- 共同声明 / 最終参照日 2023.9.8
（4）岡崎市図書館交流プラザりぶら：「“Librahack” 共同声明に関する詳細」，https://www.libra-sc.com/ 過去の事業実績 /librahack- 共同声明 /librahack- 共同声明に関する詳細 / 最終参照日 2023.9.8
（5）「岡崎市立中央図書館 検索システムが過負荷でダウン利用者が逮捕される」，日経コンピュータ 2010.8.4 号（No. 762），pp. 78〜80（2010）
（6）新出：「Librahack 事件と図書館」，日本図書館研究会第 277 回研究例会（2011.1.10）
（7）日本図書館協会図書館の自由委員会：「岡崎市の図書館システムをめぐる事件について」 https://www.jla.or.jp/portals/0/html/jiyu/okazaki201103.html 最終参照日 2023.9.12
（8）国立国会図書館：「インターネット資料収取保存事業」，https://warp.da.ndl.go.jp/contents/reccommend/mechanism/mechanism05.html 最終参照日 2023.9.8
（9）ITmedia NEWS：「SIer としての責務を果たせていなかった」図書館システム問題で MDIS 謝罪，https://www.itmedia.co.jp/news/articles/1011/30/news099.html 最終参照日 2023.9.8
（10）中田敦：「岡崎市立中央図書館，検索ステム障害に関して『クローラー使用の男性に非なし』との声明」，https://xtech.nikkei.com/it/article/NEWS/20110225/357711/ 最終参照日 2023.9.8
（11）公益社団法人日本図書館協会：「図書館の自由に関する宣言」，https://www.jla.or.jp/ibrary/gudeline/tabid/232/Default.aspx 最終参照日 2023.9.8
（12）日本図書館協会図書館の自由委員会編：「図書館の自由に関する宣言 1979 年改訂」解説第3版，p.54（2022）
（13）国立国会図書館サーチ：「API のご利用について」 http: //iss.ndl.go.jp/information/api/ 最終参照日 2023.9.8
（14）IPA：「サービス妨害攻撃の対策等調査－報告書 -」，p.6 https://www.ipa.go.jp/files/000024437.pdf 最終更新日 2023.9.8
（15）Cambridge Dictionary，https://dictionary.cambridge.org 最終参照日 2023.9.8
（16）公益社団法人日本図書館協会：「個人情報保護規程」，https://www.jla.or.jp/Portals/0/data/content/aboutJLA/kitei31.pdf 最終参照日 2023.9.8

事例 10：逸脱の常態化　ー企業における設計担当部署の事例ー

なし

事例 11：定量的なリスク評価

（1）新村出編：「広辞苑　第七版」，岩波書店（2018 年）
（2）一般財団法人日本情報経済社会推進協会：「ISO31000－2018 年版：リスクマネジメント－指針の経営への活用」 https://www.jipdec.or.jp/library/report/20181018.html　最終参照日 2023.9.10
（3）藤本温編著：「技術者倫理の世界第 3 版」，森北出版（2013 年）
（4）「水ダイエットの危険性米国では水中毒で死亡例も」，アエラ，2010 年 05 月 24 日号
（5）朝日新聞全国版朝刊 2017 年 07 月 12 日
（6）環境省：「自然・人工放射線からの被ばく線量」
https://www.env.go.jp/chemi/rhm/kisoshiryo/attach/201510mat1s-01-6.pdf　最終参照日 2023.9.10
（7）松本浩二著：「R-Map とリスクアセスメント　基本編」，日科技連出版社（2014 年）
（8）経済産業省：「リスクアセスメント・ハンドブック実務編」（2011 年）
https://www.meti.go.jp/product_safety/recall/risk_assessment_practice.pdf　最終参照日 2023.9.10
（9）ニュートンコンサルティング：「リスク管理 Navi リスク対応（Risk Treatment）」
https://www.newton-consulting.co.jp/bcmnavi/glossary/risk_treatment.html　最終参照日 2023.9.10
JX PRESS CORPORATION：「リスクマネジメントにおけるリスク対策の考え方と主な種類」
https://fastalert.jp/column/risk-measures　最終参照日 2023.9.10
リスクマネジメント協会：「リスクマネジメント Lesson」
https://www.arm.or.jp/resource/rm_lesson/lesson_6.html　最終参照日 2023.9.10
（10）厚生労働省：「令和 3 年（2021）人口動態統計月報年計（概数）の概況」
https://www.mhlw.go.jp/toukei/saikin/hw/jinkou/geppo/nengai21/dl/h6.pdf　最終参照日 2023.9.10
（11）遠山千春：「ダイオキシンのリスクアセスメントについて」，2008 年 4 月 10 日環境省　化学物質と環境円卓会議（第 22 回）資料
https://www.env.go.jp/chemi/entaku/kaigi22/shiryo/tooyama/tooyama.pdf　最終参照日 2023.9.10
（12）厚生労働省：「令和 4 年（2022）人口動態統計月報年計（概数）」
https://www.mhlw.go.jp/toukei/saikin/hw/jinkou/geppo/nengai22/index.html
最終参照日 2023.9.10
（13）厚生労働省：「令和 4 年（2022）人口動態統計月報年計（概数）の概況」の図 6 データ
https://www.mhlw.go.jp/toukei/saikin/hw/jinkou/geppo/nengai22/index.html
最終参照日 2023.9.10
（14）中谷内一也：「リスクのモノサシ－安全・安心生活はありうるか」，NHK 出版（2006 年）
（15）中谷内一也：「リスク認知の心理学」，内閣官房　低線量被ばくのリスク管理に関する WG（2011）
https://www.cas.go.jp/jp/genpatsujiko/info/twg/dai6/siryou1.pdf　最終参照日 2023.9.10
（16）厚生労働省：「牛海綿状脳症（BSE）について」
https://www.mhlw.go.jp/stf/seisakunitsuite/bunya/kenkou_iryou/shokuhin/bse/index.html
最終参照日 2023.9.10
（17）農林水産省：「牛海綿状脳症（BSE）関係」https://www.maff.go.jp/j/syouan/douei/bse/
最終参照日 2023.9.10
（18）大来雄二，桝本晃章，唐木英明，平川秀幸，山口彰，城山英明，島薗進著，電気学会倫理委員会編：「鋼鉄と電子の塔　いかにして科学技術を語り、科学技術とともに歩むか」，森北出版（2020）
（19）M. Gamo, T. Oka, and J. Nakanishi: “Ranking the risks of 12 major environmental pollutants that occur in Japan”Chemosphere, Vol.53, No.4, pp.277-284（2003）
（20）蒲生昌志「化学物質のリスク評価の現状と課題」
https://www.env.go.jp/chemi/entaku/kaigi06/shiryo/gamo/gamo.pdf　最終参照日 2023.9.10

■引用・参考文献

(21) COVID-19 Excess Mortality Collaborators："Estimating excess mortality due to the COVID-19 pandemic: a systematic analysis of COVID-19-related mortality, 2020-21", Lancet, Vol. 399, Issue 10334 pp.1513-1536 (2022)

(22) 篠原拓也：「医療の質のとらえかた－障害調整生存年（DALY）で各国の主要疾患をみてみよう」，ニッセイ基礎研究所，医療保険制度 https://www.nli-research.co.jp/report/detail/id=70719?site=nli 最終参照日 2023.9.10
細田満和子：「障害調整生存年数（DALY）についての概要と批判」，月刊「ノーマライゼーション 障害者の福祉」2008年10月号，公益財団法人日本障害者リハビリテーション協会
https://www.dinf.ne.jp/doc/japanese/prdl/jsrd/norma/n327/n327013.html 最終参照日 2023.9.10

(23) 国立がん研究センターがん情報サービス：「がん統計」（人口動態統計），全がん死亡数・粗死亡率・年齢調整死亡率（1995年～2021年） https://ganjoho.jp/reg_stat/statistics/data/dl/index.html 最終参照日 2023.9.10

(24) 片野田耕太：「がん年齢調整死亡率の国際比較」，厚生労働省第82回がん対策推進協議会 2022年9月20日資料 https://www.mhlw.go.jp/content/10901000/000991038.pdf 最終参照日 2023.9.10

(25) WHO "Tobacco" https://www.who.int/health-topics/tobacco#tab=tab_1 最終参照日 2023.9.10

(26) Centers for Disease Control and Prevention, USA："Smoking & Tobacco Use, Data and Statistics" https://www.cdc.gov/tobacco/data_statistics/index.htm#:~:text=Each%20year%2C%20nearly%20half%20a.serious%20illness%20caused%20by%20smoking 最終参照日 2024.3.22

(27) N. Ikeda, et al. "Adult Mortality Attributable to Preventable Risk Factors for Non-Communicable Diseases and Injuries in Japan: A Comparative Risk Assessment"PLoS Medicine, Vol.9, e1001160 (2012)

(28) GBD 2019 Tobacco Collaborators"Spatial, temporal, and demographic patterns in prevalence of smoking tobacco use and attributable disease burden in 204 countries and territories, 1990-2019: a systematic analysis from the Global Burden of Disease Study 2019", Lancet, Vol.397, Issue 10292, pp.2337-2360 (2021)

(29) S. Nomura, H. Sakamoto, C. Ghaznavi, and M. Inoue "Toward a third term of Health Japan 21 - implications from the rise in non-communicable disease burden and highly preventable risk factors", Lancet Regional Health Western Pacific Vol. 21 (2022) DOI：https://doi.org/10.1016/j.lanwpc.2021.100377 最終参照日 2024.2.20

(30) 日本医師会：「あなたのため，そばにいる人のため 禁煙は愛」，(2021)」
https://www. med.or.jp/forest/kinen/ 最終更新日 2023.9.10

(31) 厚生科学審議会地域保健健康増進栄養部会次期国民健康づくり運動プラン策定専門委員会：「厚生労働省：健康日本21（第2次）の推進に関する参考資料」，(2012)
https://www.mhlw.go.jp/bunya/kenkou/dl/kenkounippon21_02.pdf 最終参照日 2023.9.10

(32) 厚生労働省喫煙の健康影響に関する検討会編：「喫煙と健康 喫煙の健康影響に関する検討会報告書」，(2016) https://www.mhlw.go.jp/file/05-Shingikai-10901000-Kenkoukyoku-Soumuka/0000172687.pdf 最終参照日 2023.9.10

(33) J. Corley, A. J. Gow, J. M. Starr, and I. J. Deary "Smoking, childhood IQ, and cognitive function in old age"Journal of Psychosomatic Research, Vol.73, Issue.2, pp.132-138 (2012)

(34) K. M. Wennerstad, K. Silventoinen, P. Tynelius, L. Bergman, J. Kaprio, and F. Rasmussen："Associations between IQ and cigarette smoking among Swedish male twins"Social Science & Medicine, Vol.70, pp.575-581 (2010)

(35) M. Weiser, S. Zarka, N. Werbeloff, E. Kravitz, G. Lubin "Cognitive test scores in male adolescent cigarette smokers compared to non-smokers: a population-based study"NIH National Library of Medicine, 2010 Feb；Vol.105, No.2, pp.358-63. doi: 10.1111/j.1360-0443.2009.02740.x. (2009)

(36) 産経新聞，2022年12月13日朝刊（2022）

(37) US Department of Health, Education, and Welfare"Smoking and Health - a report of the Surgent

General"DHEW Publication No（PHS）79-50066（1979）
(38) WHO"Alcohol" https://www.who.int/news-room/fact-sheets/detail/alcohol 最終参照日 2023.9.10
(39) National Center for Chronic Disease Prevention and Health Promotion, USA "Deaths from Excessive Alcohol Use in the United States" https://www.cdc.gov/alcohol/features/excessive-alcohol-deaths.html 最終参照日 2023.9.10
(40) 日本アルコール関連問題学会，日本アルコール・薬物医学会，日本アルコール精神医学会，編集：「簡易版アルコール白書」https://www.j-arukanren.com/file/al-hakusyo.pdf 最終参照日 2023.9.10
(41) ビール酒造組合：「飲酒（ビール）の効用」https://www.brewers.or.jp/contents/koyo/koyo01.html 最終参照日 2023.9.10
(42) M. Inoue, S. Tsugane "Impact of alcohol drinking on total cancer risk: data from a large-scale population-based cohort study in Japan"British Journal of Cancer, 92, pp. 182-187, (2005)
(43) M. Angela, et al. "Risk thresholds for alcohol consumption: combined analysis of individual-participant data for 599912 current drinkers in 83 prospective studies"Lancet, Vol.391, Issue 10129, pp.1513-1523, (2018)
(44) WHO "Suicide" https://www.who.int/news-room/fact-sheets/detail/suicide 最終参照日 2023.9.10
(45) WHO "Suicide worldwide in 2019" https://www.who.int/publications/i/item/9789240026643 最終参照日 2023.9.10
WHO "Estimates of rate of homicides (per 100 000 population)" WHO_homicide_pop_data_f7ee83c.xlsx 最終参照日 2023.9.10
(46) 厚生労働省：「令和5年版自殺対策白書」第1章 自殺の現状 7 海外の自殺の状況 https://www.mhlw.go.jp/content/r5hs-1-1-07.pdf 最終参照日 2023.9.10
(47) 厚生労働省：「死因究明等の推進に関する参考資料」 https://www.mhlw.go.jp/content/10800000/shiin_sankou.pdf 最終参照日 2023.9.10
(48) 札野順：「技術者倫理（放送大学教材）」，放送大学教育振興会（2004年）
(49) 辻井洋行，水井万里子，堀田源治：「技術者倫理 技術者として幸福を得るために考えておくべきこと」，日刊工業新聞社（2016年）；伊勢田哲治：「フォード・ピント事件をどう教えるべきか」，技術倫理研究，Vol. 13, pp.1-36（2016）
(50) 中谷内一也：「リスク認知の心理学」，内閣官房 2011年12月1日低線量被ばくのリスク管理に関するWG資料1（2011年） https://www.cas.go.jp/jp/genpatsujiko/info/twg/dai6/siryou1.pdf 最終参照日 2023.9.10
(51) 厚生労働省：「小学校6年～高校1年相当女の子と保護者の方へ大切なお知らせ（概要版）」 https://www.mhlw.go.jp/bunya/kenkou/kekkaku-kansenshou28/index.html 最終参照日 2023.9.10
(52) 厚生労働省：「令和4年4月からのHPVワクチンの接種について」 https://www.mhlw.go.jp/content/10906000/000911549.pdf 最終参照日 2023.9.10
(53) e-Stat 政府統計の総合窓口：「年次別にみた出生数・出生率（人口千対）・出生性比及び合計特殊出生率」https://www.e-stat.go.jp/dbview?sid=0003411595 最終参照日 2023.9.10

事例12：若手技術者が挑み続ける長い闘い

(1) 東京電力ホールディングス：「福島第一原子力発電所を襲った地震及び津波の規模と浸水状況」，https://www.tepco.co.jp/nu/fukushima-np/outline/2_2-j.html 最終参照日 2023.11.20
(2) 東京電力ホールディングス：「福島第一原子力発電所1～3号機の事故の経過の概要」，https://www.tepco.co.jp/nu/fukushima-np/outline/2_1-j.html 最終参照日 2023.11.20
(3) 環境省：「国際原子力事象評価尺度」，https://www.env.go.jp/chemi/rhm/h28kisoshiryo/h28kiso-02-02-01.html 最終参照日 2023.11.20
(4) 東京電力株式会社：「福島第一原子力発電所事故の経過と教訓」(2013.3)，https://www.tepco.co.jp/decommission/project/accident/pdf/outline01.pdf 最終参照日 2023.11.20

東京電力ホールディングス：「福島第一原子力発電所 1～4 号機撮影日：2011 年 3 月 15 日」,
https://photo.tepco.co.jp/date/2011/201103-j/110316-01j.html　最終参照日 2023.11.20
(5) 福島県庁：災害対策課「平成 23 年東北地方太平洋沖地震による被害状況即報（第 1792 報）」,
https://www.pref.fukushima.lg.jp/uploaded/attachment/594071.pdf　最終参照日 2023.11.20
(6) 原子力災害対策本部政府・東京電力中長期対策会議：「東京電力（株）福島第一原子力発電所 1～4 号機の廃止措置等に向けた中長期ロードマップ」(2011.12.21),
https://www.tepco.co.jp/decommission/information/committee/roadmap/pdf/2011/111221d.pdf
最終参照日 2023.11.20
(7) 東京電力ホールディングス：「廃炉に向けたロードマップ」,
https://www.tepco.co.jp/decommission/project/roadmap/　最終参照日 2023.11.20
(8) 東京電力ホールディングス：「廃炉作業の状況」,
https://www.tepco.co.jp/decommission/progress/　最終参照日 2023.11.20
(9) 東京電力ホールディングス：「燃料デブリ取り出しの状況」,
https://www.tepco.co.jp/decommission/progress/retrieval/index-j.html　最終参照日 2023.11.20
(10) 東京電力ホールディングス：「2 号機の燃料デブリ取り出し」,
https://www.tepco.co.jp/decommission/progress/retrieval/unit2/index-j.html
最終参照日 2023.11.20
(11) 東京電力ホールディングス：「報道配布資料（2012 年 1 月 19 日）」,
https://www.tepco.co.jp/decommission/common/images/progress/retrieval/unit2_handout_20120119.pdf　最終参照日 2023.11.20
東京電力ホールディングス：「福島第一原子力発電所 2 号機　原子炉格納容器内部調査状況ダイジェスト　版動画（2012 年 1 月 20 日）」, https://photo.tepco.co.jp/date/2012/201201-j/120120-01j.html
最終参照日 2023.11.20
(12) 例えば,
日本経済新聞：「格納容器内部，動画を初公開　福島第 1 の 2 号機（2012 年 1 月 20 日）」,
https://www.nikkei.com/article/DGXNASDG20027_Q2A120C1CC0000/　最終参照日 2023.11.20
NHK：東京電力福島第一原発事故関連ニュース「2 号機格納容器内部の映像を公開（2012 年 1 月 20 日）」, https://www3.nhk.or.jp/news/genpatsu-fukushima/20120120/1345_2goki.html
最終参照日 2023.11.20　など
(13) 例えば,
日本経済新聞：「原発調査ロボが走行不能に　福島 2 号機，回収断念（2017 年 2 月 16 日）」,
https://www.nikkei.com/article/DGXLASDG16HB4_W7A210C1CR8000/　最終参照日 2023.11.20
など
(14) 東京電力ホールディングス：「廃炉・汚染水対策チーム会合第 39 回事務局会議（2017 年 2 月）」
https://www.tepco.co.jp/decommission/common/images/progress/retrieval/unit2_meeting_20170223.pdf　最終参照日 2023.11.20
(15) 東京電力ホールディングス：「廃炉・汚染水対策チーム会合第 50 回事務局会議（2018 年 2 月）」,
https://www.tepco.co.jp/decommission/common/images/progress/retrieval/unit2_meeting_20180201.pdf　最終参照日 2023.11.20
(16) 東京電力ホールディングス：「福島第一原子力発電所 2 号機　原子炉格納容器内部調査～2 月 13 日調査速報～」, https://photo.tepco.co.jp/date/2019/201902-j/190213-01j.html 最終参照日 2023.11.20
(17) 杉浦ら：「福島第一原子力発電所 2 号機の燃料デブリの可能性がある堆積物への接触調査」, 東芝レビュー, vol.74, No.6, p.63-66 (2019)
https://www.global.toshiba/content/dam/toshiba/migration/corp/techReviewAssets/tech/review/2019/06/74_06pdf/f01.pdf　最終参照日 2023.11.20
(18) 東芝：Toshiba Clip「福島第一原子力発電所廃炉に立ち向かう！未来を拓く、若き技術者たちの未知なる挑戦」, https://www.toshiba-clip.com/detail/p=9837　最終参照日 2023.11.20

(19) 東京電力ホールディングス：「凍土方式の陸側遮水壁の設置」,
https://www.tepco.co.jp/decommission/progress/watermanagement/landwall/
最終参照日 2023.11.20
(20) 東京電力ホールディングス：「福島第一原子力発電所内で働く人の，放射線による健康への影響は？」,
https://www.tepco.co.jp/decommission/towards_decommissioning/Things_you_should_know_more_about_decommissioning/answer-24-j.html　最終参照日 2023.11.20

事例 13：旧石器遺跡捏造事件

(1) 日本学術振興会「科学の健全な発展のために」編集委員会編：「科学の健全な発展のために　－誠実な科学者の心得－」，p.141，丸善（2015）
(2) 文部科学省：新たな「研究活動における不正行為への対応等に関するガイドライン」概要
https://www.mext.go.jp/content/20200803-mxt_kiban02-000004257_3.pdf.pdf　最終参照日 2023.9.8
注：上記（1）にも収録されている。
(3) 日本学術会議：声明「科学者の行動規範－改定版－」, https://www.scj.go.jp/ja/info/kohyo/pdf/kohyo-22-s168-1.pdf　最終参照日 2023.9.8　注：本文は上記（1）にも収録されている。
(4) 河合信和：旧石器遺跡捏造，p.193, 文藝春秋社（2003）
(5) 毎日新聞旧石器遺跡取材班：旧石器発掘捏造のすべて, p.206, 毎日新聞社（2002）
(6) 毎日新聞旧石器遺跡取材班：古代史捏造，p.219，新潮社（2003）
(7) 前・中期旧石器問題調査研究特別委員会編：前・中期旧石器問題の検証, p.657, 日本考古学協会（2003）
(8) 日本考古学協会：前・中期旧石器問題，https://archaeology.jp/activity/paleolithic_hoax/
最終参照日 2023.9.8
(9) 日本考古学協会：前・中期旧石器問題調査研究特別委員会最終報告,
https://archaeology.jp/activity/paleolithic_hoax/final-report/　最終参照日 2023.9.8
(10) 日本旧石器学会：趣旨，https://palaeolithic.jp/purport.htm　最終参照日 2023.9.8
(11) 黒木登志夫：研究不正，p.302，中央公論新社（2016）
(12) 文部科学省：研究活動における不正事案について,
https://www.mext.go.jp/a_menu/jinzai/fusei/1360483.htm　最終参照日 2023.9.8

事例 14：研究不正による京都大学霊長類研究所の改編

(1) 京都大学：「霊長類研究所における不正経理に関する調査結果について」
https://www.kyoto-u.ac.jp/sites/default/files/embed/jaaboutevents_newsofficekousei-chousanews2020documents200626_101.pdf　最終参照日 2023.9.7
(2) 読売新聞：「チンパンジー研究の第一人者，松沢哲郎・霊長研元所長に２億円の賠償提訴」（2023 年 1 月 14 日）https://www.yomiuri.co.jp/national/20230114-OYT1T50136　最終参照日 2023.9.7
(3) 京都大学：「京都大学における研究活動上の不正行為に係る調査結果について」
https://www.kyoto-u.ac.jp/sites/default/files/inline-files/211015-kaikensiryo-d825afb27efaa25500ea68b226f58ea1.pdf　最終参照日 2023.9.7
(4) 朝日新聞：「研究不正の霊長類研元教授に懲戒解雇相当の処分，京大」（2022 年 1 月 25 日）
https://www.asahi.com/articles/ASQ1T5TBXQ1TPLBJ008.html　最終参照日 2023.9.7
(5) 京都大学：「沿革」https://www.kyoto-u.ac.jp/ja/about/operation/history2/history
最終参照日 2023.9.7
(6) 京都大学：「霊長類研究所の在り方に係る方向性について」
https://www.kyoto-u.ac.jp/sites/default/files/inline-files/211026-siryo-669301902497d84d8a61c0bd1ef04933.pdf　最終参照日 2023.9.7
(7) 文部科学省：「附置研究所及び研究施設の現状など」
https://www.mext.go.jp/b_menu/shingi/gijyutu/gijyutu4/toushin/attach/1331853.htm

最終参照日 2023.9.7

事例 15：科学技術と報道

（1）菅谷明子：「メディア・リテラシー」岩波新書（2000）
（2）坂本旬，山脇岳志：「メディア・リテラシー」時事通信出版（2020）
（3）坂本旬：「メディア・リテラシー教育におけるコア・コンセプトの理論と展開」，法政大学キャリアデザイン学部紀要，pp.33-58，2019
（4）Duncan, Barry et al. Media Literacy Resource Guide. Ontario Ministry of Education and the Association for Media Literacy. Toronto: Queen's Printer for Ontario.（1989）
（5）Pungente, John. Canada's Key Concepts of Media Literacy.（1999），
http://www.medialit.org/reading-room/canadas-key-concepts-media-literacy　最終参照日 2023.2.16
（6）NAMLE（National Association for Media Literacy Education）The Core Principles of Media Literacy Education.（2007），https://namle.net/publications/core-principles/. 最終参照日 2023.2.16
邦訳は右記のページを参照　http://amilec.org/index.php?key=jou4zyt6n-136#_136
最終参照日 2024.3.25
（7）瀬川至朗：「科学報道の真相」，ちくま書房（2017）
（8）須田桃子：「捏造の科学者」文藝春秋（2014）
（9）柴田鉄治：「科学事件」，岩波新書（2000）
（10）松永和紀：「メディア・バイアス」，光文社新書（2007）
（11）垂水雄二：「科学はなぜ誤解されるのか」平凡社出版（2014）
（12）天野彬：「若年層に広がる『能動でも受動でもないニュース受容』」スマートニュースメディア研究所（2018）https://smartnews-smri.com/research/akira-amano/　最終参照日 2023.2.16
（13）御代川貴久夫：「科学技術報道史」，電機大出版（2013）

事例 16：逸脱の正常化　―ある理工系大学の技術者倫理の講義―

（1）国土交通省：「構造計算書偽装問題に関する緊急調査委員会」，
https://www.mlit.go.jp/kozogiso/iinkai.html　最終参照日 2023.7.6

科学者・技術者として活躍しよう
技術者倫理事例集（第3集）

2024年7月23日　　初版　1刷発行

発行者	本　吉　高　行
発行所	一般社団法人　**電　気　学　会** 〒102-0076　東京都千代田区五番町6-2 電話（03）3221-7275 https://www.iee.jp
発売元	株式会社　オーム社 〒101-8460　東京都千代田区神田錦町3-1 電話（03）3233-0641
印刷・製本所	株式会社　太平印刷社

落丁・乱丁の際はお取替いたします
ISBN978-4-88686-321-8　C3054